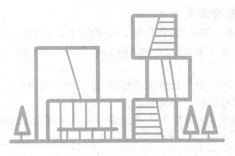

ZHUANGSHI GONGCHEN JILIANG YU JIJIA

装饰工程计量与计价

主 编 陈 萌 关 玲
副主编 蔡小青 吴汉美 孔 亮
参 编 龚 洁 徐 森

重庆大学出版社

内容提要

本书分为两篇,共 10 章。第 1 篇主要讲解装饰工程基础知识;第 2 篇根据国家最新规定、文件,并结合重庆地区与国家规范来讲解楼地面装饰工程,墙柱面装饰工程,天棚装饰工程,门窗工程,油漆、涂料、裱糊工程、其他零星装饰工程的计量与计价实务等。

本书以实际装饰装修工程为例,贯穿于第二篇的计量与计价实务部分;以清单项目为主线,同时与相应的定额子目融为一体,详细介绍了清单与定额两种计价模式的应用。

本书可以作为高等院校工程造价、工程管理等专业的教学用书,也可供在职人员岗位培训和自学之用。

图书在版编目(CIP)数据

装饰工程计量与计价/陈萌,关玲主编.—重庆:
重庆大学出版社,2016.8(2022.7 重印)
高等教育土建类专业规划教材·应用技术型
ISBN 978-7-5624-9996-1

Ⅰ.①装… Ⅱ.①陈…②关… Ⅲ.①建筑装饰—计量—高等学校—教材②建筑装饰—工程造价—高等学校—教材 Ⅳ.①TU723.3

中国版本图书馆 CIP 数据核字(2016)第 179250 号

高等教育土建类专业教材·应用技术型

装饰工程计量与计价

主 编 陈 萌 关 玲
副主编 蔡小青 吴汉美 孔 亮
策划编辑:林青山 刘颖果
责任编辑:李定群 版式设计:刘颖果
责任校对:邬小梅 责任印制:赵 晟

*

重庆大学出版社出版发行
出版人:饶帮华
社址:重庆市沙坪坝区大学城西路 21 号
邮编:401331
电话:(023) 88617190 88617185(中小学)
传真:(023) 88617186 88617166
网址:http://www.cqup.com.cn
邮箱:fxk@ cqup.com.cn (营销中心)
全国新华书店经销
重庆升光电力印务有限公司印刷

*

开本:787mm×1092mm 1/16 印张:17.75 字数:443 千
2016 年 8 月第 1 版 2022 年 7 月第 7 次印刷
印数:16 001—19 000
ISBN 978-7-5624-9996-1 定价:49.00 元

前　言

　　《装饰工程计量与计价》是重庆大学城市科技学院编写的工程造价专业课程系列教材之一。本书从装饰工程造价的实际工作岗位出发,结合本校应用技术大学的特色,按照装饰工程造价的工作过程进行编写。编写思路与装饰工程造价的工作过程和装饰工程造价的计价依据(预算定额、计价规则等)基本一致。教材的主要内容包括:装饰工程造价概述,楼地面装饰工程计量与计价,墙柱面装饰工程计量与计价,天棚装饰工程计量与计价,门窗工程计量与计价,油漆、涂料、裱糊工程计量与计价,其他零星装饰工程计量与计价,装饰工程定额,施工图预算,工程量清单及清单计价的编制。

　　装饰工程计量与计价是工程造价专业的核心课程之一,是根据工程造价行业以及相关装饰装修公司的工程造价岗位的能力要求所开设的课程。该门课程实践性、操作性很强,设置该课程的主要目的是为了让学生掌握装饰装修工程计量与计价的方法,能够独立完成装饰装修工程施工图预算的编制与审核,能够胜任装饰工程计量与计价的工作岗位,能够满足工程造价行业对于复合型人才的需求以及行业发展的需要。

　　为了使读者在看完本书后,能够真正学会搜集预算编制相关资料,会识读装饰施工图,会根据装饰施工图计算工程量,会根据清单规范、定额等进行计价等,在学习过程中发现问题再去学习,真正做到"做中学、学中做、做学一体化",本书在编写时做到了以下几点:

　　(1)严格依据课程标准编写教材,教材内容充分体现建筑装饰工程造价预算岗位任务引领,生产实践导向的思想。

　　(2)本书根据实际案例将装饰工程预算内容分解成各分部工程,采用分解案例贯穿整套教材的教学模式,不断巩固和强化其专业知识、基本技能和职业素养。

　　(3)密切结合生产实际,体现真实工程环境,再现工作情景。

　　(4)教材中主要知识点的内容设计具体,并具有很强的可操作性,便于读者自学。

    本书的基本思路是:阐述理论知识点的同时,结合地方的具体情况及最新文件,使得教材能够与时俱进。通过通俗易懂的语言,列举大量的小例题和综合例题,并结合定额和清单计价规范计算规则及相关规定,最终将装饰工程计量与计价讲解透彻。

    本书由重庆大学城市科技学院陈萌、关玲担任主编,蔡小青、吴汉美、孔亮担任副主编,龚洁、徐森参与编写。具体编写分工如下:第 2 章、第 4 章、第 10 章的 10.2 和 10.4 节由关玲编写,第 8 章 8.2 和 8.3 节、第 10 章 10.1 和 10.3 节由蔡小青编写,第 5 章、第 7 章、第 9 章 9.1 节由吴汉美编写,第 1 章由孔亮编写,第 8 章 8.1 节由龚洁和徐森共同编写,其余各章节及全书统稿由陈萌负责编写。

    由于编者水平有限,书中难免出现错误及不足之处,望专家及众读者批评指正。

编　者

2016 年 6 月

目　录

第1篇

装饰工程基础知识

1

装饰工程造价概述

1.1　建筑装饰及分类

▶ 1.1.1　一般概念

1）装饰

装饰是建筑物、构筑物的重要组成部分，是指使用装饰材料对建筑物、构筑物的外表和内部进行美化、修饰、处理的工程建筑活动。装饰对建筑物、构筑物具有保护主体、改善功能、美化空间和渲染环境的作用。

装饰是以美学原理为依据，以各种现代装饰材料为基础，通过运用正确的施工技巧和精工细作等建造活动而实现的艺术作品。图1.1为恬淡田园装饰风格。

图1.1　恬淡田园装饰风格

2）装饰工程

装饰工程是建筑工程的重要组成部分。它是在建筑主体结构工程完成之后，为保护建筑主体结构、完善建筑物的使用功能和美化建筑物，采用装饰装修材料或饰物，对建筑物的内外表面及空间进行的各种处理过程，以满足人们对建筑产品的物质要求和精神需要。它包括新建、扩建、改建工程和对原房屋等建筑工程项目室内外进行的装饰工程。从建筑学上讲，装饰是一种建筑艺术，是一种艺术创作活动，是建筑物三大基本要素之一。

3）装饰工程造价

装饰工程造价是指确定建设一项装饰工程预期造价或实际造价的全部投资费用，或为建成一项装饰工程，预计或实际在多个市场所形成的装饰工程价格。

▶ 1.1.2 装饰工程的分类和内容

建筑装饰的设计、施工与管理水平，不仅反映一个国家的经济发展水平，而且还反映这个国家的文化艺术和科学技术水平，同时还是民族风格、民族特色的集中体现。所以，建筑装饰工程设计与施工，既不是单纯的设计绘图，也不是简单的材料堆积，它的全过程是一系列相关工作的组合。

装饰工程的内容是广泛的、多方面的，可有多种分类方法。

1）按装饰装修部位分类

按装饰装修部位的不同，可分为室内装饰（或内部装饰）、室外装饰（或外部装饰）和环境装饰等。

（1）室内装饰

室内装饰是指对建筑物室内所进行的建筑装饰，也称内部装饰。通常包括以下内容：

①楼地面：是指使用各种面层材料对楼地面进行装饰的工程。面层包括整体面层、块料面层等。楼地面是室内空间的底界面，通常是指在普通水泥或混凝土地面所作的饰面层。图1.2为楼地面的组成。

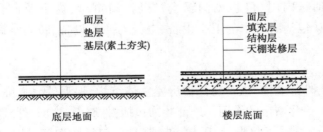

图1.2 楼地面的组成

②墙柱面、墙裙、踢脚线：墙柱面是室内空间的侧界面，是人们在室内接触最多的部位。一般习惯将1.5 m高度以上的用饰面板饰面的墙面装饰形式称为护壁，护壁高度在1.5 m以下的称为墙裙，在墙体上凹进去一块的装饰形式称为壁龛，在墙面下部起保护墙脚面层的装饰形式称为踢脚线。图1.3为墙面的装饰形式。

图1.3　内墙面的装饰形式

③天棚:也称天花板,是室内空间的顶界面。天棚装饰是室内装饰的重要组成部分。天棚工程包括结构板底直接式抹灰面天棚和悬挂式吊顶天棚工程等。图1.4为平面天棚,图1.5为迭级天棚。

图1.4　平面天棚

图1.5　跌级天棚

室内装饰还包括室内门窗(包括门窗套、贴脸、窗帘盒、窗帘及窗台等)、楼梯及栏杆(板)、室内装饰设施(包括给排水与卫生设备、电气与照明设备、暖通空调设备、用具、家具,以及其他装饰设施)。

(2)室外装饰

室外装饰也称为外部装饰,主要起保护房屋主体结构、保温、隔热、隔音、防潮等,增加建筑物美观、点缀环境、美化城市的作用。外部装饰包括:外墙面、柱面、外墙裙(勒脚)、腰线;屋面、檐口、檐廊;阳台、雨篷、遮阳篷、遮阳板;外墙门窗,包括防盗门、防火门、外墙门窗套、花窗、老虎窗等;台阶、散水、落水管、花池(或花台);其他室外装饰,如楼牌、招牌、装饰条、雕塑等外露部分的装饰。

(3)环境装饰

室外环境装饰包括围墙、院落大门、灯饰、假山、喷泉、水榭、雕塑小品、院内(或小区)绿化以及各种供人们休闲小憩的凳椅、亭阁等装饰物。室外环境装饰和建筑物内外装饰的有机融合,形成居住环境、城市环境和社会环境的协调统一,营造一个幽雅、美观、舒适、温馨的生活和工作氛围。因此,环境装饰也是现代建筑装饰的重要组成内容。

2)按装饰材料和施工做法分类

按装饰材料和施工做法可将建筑装饰划分为高级建筑装饰、中级建筑装饰和普通建筑装饰3个等级。

(1)建筑装饰等级

建筑装饰等级与建筑物的类型有关,建筑物的等级越高,装饰等级也越高。表1.1是建筑装饰等级与建筑物类型的对照表,供参考。

表1.1　建筑装饰等级与建筑物类型对照表

建筑装饰等级	建筑物类型
高级装饰	大型博览建筑,大型剧院,纪念性建筑,大型邮电、交通建筑,大型商贸建筑,大型体育馆,高级宾馆,高级住宅
中级装饰	广播通信建筑,医疗建筑,商业建筑,普通博览建筑,邮电、交通、体育建筑,旅馆建筑,高教建筑,科研建筑
普通装饰	居住建筑,生活服务性建筑,普通行政办公楼,中、小学建筑

(2)建筑装饰标准

表1.2、表1.3分别为高级装饰和中级装饰等级建筑物的门厅、走道、楼梯,以及房间的室内、外装饰标准。普通装饰等级的建筑物装饰标准见表1.4。

表1.2　高级装饰建筑的室内及室外装饰标准

装饰部位	室内装饰材料及做法	室外装饰材料及做法
墙　面	大理石、各种面砖、塑料墙纸(布)、织物墙面、木墙裙、喷涂高级涂料	天然石材(花岗岩)、饰面砖、装饰混凝土、高级涂料、玻璃幕墙
楼地面	彩色水磨石、天然石料或人造石板(如大理石)、木地板、塑料地板、地毯	—
天　棚	铝合金装饰板、塑料装饰板、装饰吸音板、塑料墙纸(布)、玻璃顶棚、喷涂高级油漆	外廊、雨篷底部,参照室内装饰
门　窗	铝合金门窗、一级木材门窗、高级五金配件、窗帘盒、窗台板、喷涂高级油漆	各种颜色玻璃铝合金门窗、钢窗、遮阳板、卷帘门窗、光电感应门
设　施	各种花饰、灯具、空调、自动扶梯、高档卫生设备	—

表1.3　中级装饰建筑的室内及室外装饰标准

装饰部位	室内装饰材料及做法	室外装饰材料及做法
墙　面	装饰抹灰、内墙涂料	各种面砖、外墙涂料、局部天然石材
楼地面	彩色水磨石、大理石、地毯、各种塑料地板	—

续表

装饰部位		室内装饰材料及做法	室外装饰材料及做法
天 棚		胶合板、钙塑板、吸音板、各种涂料	外廊、雨篷底部,参照室内装饰
门 窗		窗帘盒	普通钢、木门窗,主要入口铝合金门
卫生间	墙面	水泥砂浆、瓷砖内墙裙	—
	地面	水磨石、马赛克	—
	天棚	混合砂浆、纸筋灰浆、涂料	—
	门窗	普通钢、木门窗	—

表 1.4   普通装饰建筑的室内及室外装饰标准

装饰部位	室内装饰材料及做法	室外装饰材料及做法
墙 面	混合砂浆、纸筋灰浆、石灰浆、大白浆、内墙涂料、局部油漆墙裙	水刷石、干粘石、外墙涂料、局部面砖
楼地面	水泥砂浆、细石混凝土、局部水磨石	—
天 棚	直接抹水泥砂浆、水泥石灰浆、纸筋石灰浆或喷浆	外廊、雨篷底部,参照室内装饰
门 窗	普通钢、木门窗,铁质五金配件	—

1.2   装饰工程项目的划分

▶   1.2.1   建设项目的划分

基本建设项目按照合理确定工程造价和基本建设管理工作的要求,划分为建设项目、单项工程、单位工程、分部工程、分项工程 5 个层次。

1)建设项目

建设项目是指具有计划任务书和总体设计,经济上独立核算,管理上具有独立组织形式的基本建设单位。在工业建筑中,建设一个工厂就是一个建设项目;在民用建筑中,建设一所学校或一所医院、一个住宅小区等都是一个建设项目。

建设项目在其初步设计阶段以建设项目为对象编制总概算,确定项目造价,竣工验收后编制决算。

2)单项工程

单项工程是指在一个建设项目中,具有独立的设计文件,竣工后可独立发挥生产能力或使用效益的工程。单项工程是建设项目的组成部分。工业建筑中的各个生产车间、辅助车间、仓库等,民用建筑中的教学楼、图书馆、住宅等都是单项工程。

单项工程的造价是由编制单项工程综合概预算来确定的。

3)单位工程

单位工程是指竣工后一般不能独立发挥生产能力或效益,但具有独立的设计文件,能独立组织施工的工程。单位工程是单项工程的组成部分。例如,一个生产车间的厂房修建、电气照明、给水排水、机械设备安装、电气设备安装等都是单位工程;住宅单项工程中的土建、给排水、电气照明等都是单位工程。

单位工程的造价是以单位工程为对象编制确定的。

4)分部工程

按照工程部位、设备种类和型号、使用材料的不同,可将一个单位工程划分为若干个分部工程。分部工程是单位工程的组成部分。例如,房屋的土建工程,按不同的工种、不同的结构和部位,可分为土石方工程、桩与地基基础工程、砌筑工程、混凝土及钢筋混凝土工程等。建筑装饰工程可分为楼地面工程,墙柱面工程,天棚工程,门窗工程,油漆、涂料、裱糊工程、脚手架工程及其他构配件装饰等分部工程。

5)分项工程

分项工程是分部工程的组成部分。按照不同的施工方法、不同的材料性质等,可将一个分部工程分解为若干个分项工程。例如,墙柱面工程中的内墙面贴瓷砖、外墙面贴砖均为分项工程。

图 1.6 所示为建设项目划分示意图。

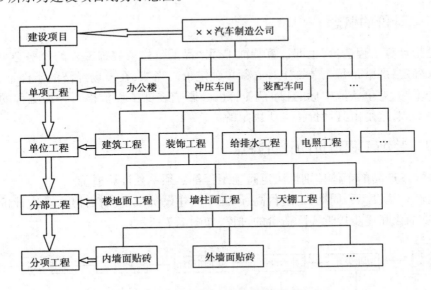

图 1.6　建设工程项目逐级分解示意图

► 1.2.2　一般习惯做法的项目划分

根据习惯及方便的原则,精装饰装修工程的内容有:

①楼地面:块料面层、木地板、地毯、现制彩色艺术水磨石、踢脚线和台阶等。

②墙面:玻璃幕墙、块料面层、木墙面、复合材料面层、布料、墙纸、喷绘等。

③吊顶:木龙骨、轻钢龙骨、铝合金龙骨、面层封板装饰(石膏板、矿棉板、吸音板、多层夹板、铝合金扣板、挂板、格栅、不锈钢板、玻璃镜面)等。

④门:高级木门、铝合金门、无框玻璃门、自动感应玻璃门、转门、卷帘门、自动防火卷帘门等。

⑤窗:木花式窗、铝合金窗、玻璃柜窗等。

⑥隔断:木隔断,轻钢龙骨石膏板、铝合金、玻璃隔断等。

⑦零星装饰:暖气罩、窗帘盒、窗帘轨、窗台板、筒子板、门窗贴脸、风口、挂镜线等。

⑧卫生间和厨房:顶棚、墙面、地面、卫生洁具、排气扇及其配套的镜、台、盒、棍、帘等。

⑨灯具装饰:吊灯、吸顶灯、筒灯、射灯、壁灯、台灯、床头灯、地灯及各种插座、开关等。

⑩消防:喷淋、烟感、报警等。

⑪空调:风机、管道、设备等。

⑫音响:扬声器、线路、设备等。

⑬家具:柜、橱、台、桌、椅、凳、茶几、沙发、床、架、窗帘等。

⑭其他:艺术雕塑、庭院美化等。

1.3 装饰工程造价

▶ 1.3.1 计价的概念

计价是指计算工程造价,也即计算装饰工程产品的价格。装饰工程的价格必须由特殊的定价方式来确定,那就是每个装饰工程必须单独定价。当然,在市场经济的条件下,施工企业的管理水平不同、竞争获取中标的目的不同,也会影响装饰工程价格。装饰工程的价格最终由市场竞争形成,这是由其计价特点所决定的。

▶ 1.3.2 装饰工程造价的计价特点

①单件性。产品的个体差别性决定每项工程都必须单独计算造价。

②多次性。建设工程周期长、造价高,因此不同建设阶段多次性计价,多次计价是一个逐步深化、逐步细化和逐步接近实际造价的过程,如图1.7所示。

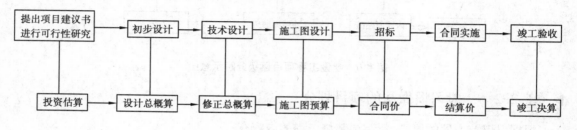

图1.7 工程多次性计价示意图

③组合性。这一特征和项目的组成划分有关。一个建设项目是一个综合体,是由许多分项工程、分部工程、单位工程、单项工程依序组成。建设项目的这种组合决定了工程计价也是一个逐步组合的过程。

④多样性。工程造价的多样性主要体现在工程造价有多种计价方法和模式,在不同的计价阶段其计价方法和模式均有所不同。

⑤复杂性。工程造价的复杂性主要体现在影响工程造价的因素,计价依据复杂,种类繁多。

▶ 1.3.3　装饰工程计价依据

装饰工程计价必须坚持单件性原则,在确定装饰工程造价时,必须依赖相关可靠、有效的计价依据才能完成。计价依据是多方面的,其中最重要的两种依据是装饰工程预算定额及工程量清单计价规范。除此之外,还有其他相关依据。装饰工程计价依据主要有以下几个方面:

1)设计文件及相关的规范、技术标准

由于装饰工程的产生是一个十分烦琐的过程,装饰工程必须经过科学的勘察、设计并形成设计文件——施工图纸,这样才能有序地进行建造。因此,装饰工程计价只能依据这些设计文件进行。另外,装饰工程在建造过程中由于各种原因,会发生设计变更、各种施工条件的变化等情况,这些也是计价的依据。

与此同时,装饰工程的勘察、设计、施工过程又必须依据相关的规范与技术标准进行。因此,这些设计、施工、验收规范及技术标准也是装饰工程计价必不可少的依据。另外,为了简化设计,提高效率,对于成熟的建筑构配件,一般设计出标准图集,在使用时根据需要直接套用即可,这些标准图集当然也是计价必须的依据。

2)装饰工程定额

装饰工程计价不可缺少的一个重要依据就是单位产品的人工、材料、机械消耗量标准,也即装饰工程定额。依据装饰工程定额才能计算出装饰工程所消耗的人工、材料、机械台班的数量。这是计算装饰工程造价的必要条件。

3)人工、材料、机械的价格

仅仅依据上述定额还是不能确定出装饰工程的造价,因为造价是一种货币价值量。根据定额可以算出整个建筑产品的消耗量,再乘以单价才能计算出价值数量。根据我国的计价实践情况,人工、材料、机械的价格数据一般分为两种价格:一种是所谓的预算价格,这是一种静态的价格数据,这个数据不能反映实际的工程货币消耗量,只能作为一种中间手段,起计算各种费用的基础作用;另一种就是实际的单价,这是根据市场波动情况,随行就市采集的市场实际单价,使用实际单价计算出来的金额才能反映实际的货币消耗。

4)工程量清单计价规范

工程量清单计价规范在我国自 2003 年 7 月 1 日开始实行,2008 年 12 月 1 日对原规范进行了修订和完善,2013 年 7 月进行了进一步的修订和完善并于 2013 年 7 月 1 日施行。清单计价规范的执行,标志着我国工程造价的计价方式由原来单一的定额计价方式变为定额计价与工程量清单计价并存的局面。

根据 2013 版建设工程工程量清单计价规范的规定,清单计价规范不仅适用于工程量清单计价方式,其中的部分条文也适用于定额计价方式。因此,工程量清单计价规范更是目前工程量计价不可缺少的计价依据。

5)施工组织设计或施工方案

如前所述,建筑产品的特性决定了装饰工程计价是一个复杂的过程。装饰工程的建造必须按照设计图纸及相关的规范及技术标准,但是即使是同一套图纸,在进行建造时也会有许多可变的因素,如建筑地点不同、时间不同、施工方法不同等。这些因素也必然决定装饰工程的价格不同。对于某一装饰工程,在建造时采用不同的施工方案,所需要的人工、材料、机械的消耗量必然不同,其造价也各不相同。因此,施工组织设计或施工方案也是制约工程造价的一个重要依据。

6)其他计价依据

这里所说的其他计价依据主要有 3 个方面:一是双方的事先约定;二是工程所在地的政治、经济及自然环境;三是市场竞争情况等。

► **1.3.4 装饰工程造价文件类型**

在建设全过程的不同阶段编制的装饰工程造价文件的类型各不相同,具体如图 1.7 所示。由图可知,在不同装饰建造阶段可将工程造价文件列为投资估算、概算造价、修正概算造价、预算造价、投标报价、合同价、结算价、实际造价等,具体如下:

1)投资估算

在编制项目建议书和可行性研究阶段,对投资需要量进行估算,是一项不可缺少的组成内容。投资估算是指在项目建议书和可行性研究阶段对拟建项目所需投资,通过编制估算文件预先测算和确定的过程。也可表示估算出的建设项目的投资额,或称为估算造价。投资估算是决策、筹资和控制造价的主要依据。

2)概算造价

概算造价是指在初步设计阶段,根据设计意图,通过编制工程概算文件预先测算和限定的工程造价。概算造价较投资估算造价的准确性有所提高,但它受估算造价的控制。概算造价的层次性十分明显,分建设项目概算总造价、各个单项工程概算综合造价及各单位工程概算造价。

3)修正概算造价

修正概算造价是指在采用三阶段设计的技术阶段,根据技术设计的要求,通过编制修正概算造价预先测算和限定的工程造价。它对初步设计概算进行修正调整,比概算造价准确,但受概算造价控制。

4)预算造价

预算造价是指在施工图阶段,根据施工图纸编制预算文件,预先测算和限定的工程造价。它比概算造价或修正概算造价更为详尽和准确。但同样要受前一阶段所限定的工程造价的控制。

5）招标标底价（或招标控制价）、投标报价、合同价

招标标底价是指在工程招投标阶段形成的价格，招标标底与招标控制价主要是用来衡量投标报价的优劣以及评价投标单位报价水平，而投标报价是通过市场竞争形成的价格，因为报价的高低直接影响是否中标及施工企业是否盈利。

另外，在这一阶段还有一种造价形式，即合同价。合同价也属于市场价格的性质，它是由承发包双方，即商品和劳务买卖双方根据市场行情共同议定和认可的成交价格。建设工程合同有许多类型，不同类型合同的合同价内涵也有所不同。无论是招标价、投标价，还是合同价，都不是工程最终的实际工程造价。

6）结算价

结算价是指在合同实施阶段，在工程结算时按合同调价范围和调价方法，对实际发生的工程量增减、设备和材料价差等进行调整后计算和确定的价格。结算价是该结算工程的实际价格。

7）实际造价

实际造价是指竣工决算阶段，通过为建设项目编制竣工决算，最终确定的实际工程造价。

1.4 装饰工程造价费用组成

按住房和城乡建设部、财政部《关于印发＜建筑安装工程费用项目组成＞的通知》（建标〔2013〕44号）的规定，建筑安装工程费用项目可按费用构成要素组成划分，也可按工程造价形成顺序划分。

1）建筑安装工程费用项目组成按费用构成要素划分

建筑安装工程费按照费用构成要素划分，由人工费、材料（包含工程设备，下同）费、施工机具使用费、企业管理费、利润、规费和税金组成。其中人工费、材料费、施工机具使用费、企业管理费和利润包含在分部分项工程费、措施项目费、其他项目费中（见图1.8）。

（1）人工费

人工费是指按工资总额构成规定，支付给从事建筑安装工程施工的生产工人和附属生产单位工人的各项费用。其内容包括：

①计时工资或计件工资：是指按计时工资标准和工作时间或对已做工作按计件单价支付给个人的劳动报酬。

②奖金：是指对超额劳动和增收节支支付给个人的劳动报酬。如节约奖、劳动竞赛奖等。

③津贴补贴：是指为了补偿职工特殊或额外的劳动消耗和因其他特殊原因支付给个人的津贴，以及为了保证职工工资水平不受物价影响支付给个人的物价补贴。如流动施工津贴、特殊地区施工津贴、高温（寒）作业临时津贴、高空津贴等。

④加班加点工资：是指按规定支付的在法定节假日工作的加班工资和在法定日工作时间外延时工作的加点工资。

⑤特殊情况下支付的工资：是指根据国家法律、法规和政策规定，因病、工伤、产假、计划

生育假、婚丧假、事假、探亲假、定期休假、停工学习、执行国家或社会义务等原因按计时工资标准或计时工资标准的一定比例支付的工资。

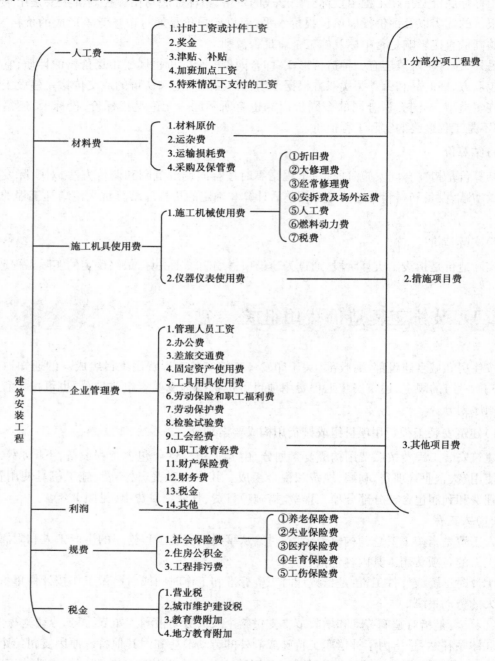

图 1.8　建筑安装工程费用项目组成表(按费用构成要素划分)

（2）材料费

材料费是指施工过程中耗费的原材料、辅助材料、构配件、零件、半成品或成品、工程设备的费用。内容包括：

①材料原价：是指材料、工程设备的出厂价格或商家供应价格。

②运杂费：是指材料、工程设备自来源地运至工地仓库或指定堆放地点所发生的全部费用。

③运输损耗费：是指材料在运输装卸过程中不可避免的损耗。

④采购及保管费：是指为组织采购、供应和保管材料、工程设备的过程中所需要的各项费用。包括采购费、仓储费、工地保管费、仓储损耗。

工程设备是指构成或计划构成永久工程一部分的机电设备、金属结构设备、仪器装置及其他类似的设备和装置。

（3）施工机具使用费

施工机具使用费是指施工作业所发生的施工机械、仪器仪表使用费或其租赁费。

①施工机械使用费：以施工机械台班耗用量乘以施工机械台班单价表示。施工机械台班单价应由下列 7 项费用组成：

a. 折旧费：指施工机械在规定的使用年限内，陆续收回其原值的费用。

b. 大修费：指施工机械按规定的大修理间隔台班进行必要的大修理，以恢复其正常功能所需的费用。

c. 经常修理费：指施工机械除大修理以外的各级保养和临时故障排除所需的费用。包括为保障机械正常运转所需替换设备与随机配备工具附具的摊销和维护费用，机械运转中日常保养所需润滑与擦拭的材料费用及机械停滞期间的维护和保养费用等。

d. 安拆费及场外运费：安拆费指施工机械（大型机械除外）在现场进行安装与拆卸所需的人工、材料、机械和试运转费用以及机械辅助设施的折旧、搭设、拆除等费用；场外运费是指施工机械整体或分体自停放地点运至施工现场或由一施工地点运至另一施工地点的运输、装卸、辅助材料及架线等费用。

e. 人工费：指机上司机（司炉）和其他操作人员的人工费。

f. 燃料动力费：指施工机械在运转作业中所消耗的各种燃料及水、电等。

g. 税费：指施工机械按照国家规定应缴纳的车船使用税、保险费及年检费等。

②仪器仪表使用费：是指工程施工所需使用的仪器仪表的摊销及维修费用。

（4）企业管理费

企业管理费是指建筑安装企业组织施工生产和经营管理所需的费用。内容包括：

①管理人员工资：是指按规定支付给管理人员的计时工资、奖金、津贴补贴、加班加点工资及特殊情况下支付的工资等。

②办公费：是指企业管理办公用的文具、纸张、账表、印刷、邮电、书报、办公软件、现场监控、会议、水电、烧水和集体取暖降温（包括现场临时宿舍取暖降温）等费用。

③差旅交通费：是指职工因公出差、调动工作的差旅费、住勤补助费，市内交通费和误餐补助费，职工探亲路费，劳动力招募费，职工退休、退职一次性路费，工伤人员就医路费，工地转移费以及管理部门使用的交通工具的油料、燃料等费用。

④固定资产使用费：是指管理和试验部门及附属生产单位使用的属于固定资产的房屋、设备、仪器等的折旧、大修、维修或租赁费。

⑤工具用具使用费：是指企业施工生产和管理使用的不属于固定资产的工具、器具、家

具、交通工具和检验、试验、测绘、消防用具等的购置、维修和摊销费。

⑥劳动保险和职工福利费:是指由企业支付的职工退职金、按规定支付给离休干部的经费,集体福利费、夏季防暑降温、冬季取暖补贴、上下班交通补贴等。

⑦劳动保护费:是企业按规定发放的劳动保护用品的支出。如工作服、手套、防暑降温饮料以及在有碍身体健康的环境中施工的保健费用等。

⑧检验试验费:是指施工企业按照有关标准规定,对建筑以及材料、构件和建筑安装物进行一般鉴定、检查所发生的费用,包括自设试验室进行试验所耗用的材料等费用。不包括新结构、新材料的试验费,对构件做破坏性试验及其他特殊要求检验试验的费用和建设单位委托检测机构进行检测的费用,对此类检测发生的费用,由建设单位在工程建设其他费用中列支。但对施工企业提供的具有合格证明的材料进行检测不合格的,该检测费用由施工企业支付。

⑨工会经费:是指企业按《工会法》规定的全部职工工资总额比例计提的工会经费。

⑩职工教育经费:是指按职工工资总额的规定比例计提,企业为职工进行专业技术和职业技能培训,专业技术人员继续教育、职工职业技能鉴定、职业资格认定以及根据需要对职工进行各类文化教育所发生的费用。

⑪财产保险费:是指施工管理用财产、车辆等的保险费用。

⑫财务费:是指企业为施工生产筹集资金或提供预付款担保、履约担保、职工工资支付担保等所发生的各种费用。

⑬税金:是指企业按规定缴纳的房产税、车船使用税、土地使用税、印花税等。

⑭其他:包括技术转让费、技术开发费、投标费、业务招待费、绿化费、广告费、公证费、法律顾问费、审计费、咨询费、保险费等。

(5)利润

利润是指施工企业完成所承包工程获得的盈利。

(6)规费

规费是指按国家法律、法规规定,由省级政府和省级有关权力部门规定必须缴纳或计取的费用。包括:

①社会保险费:

a. 养老保险费:是指企业按照规定标准为职工缴纳的基本养老保险费。

b. 失业保险费:是指企业按照规定标准为职工缴纳的失业保险费。

c. 医疗保险费:是指企业按照规定标准为职工缴纳的基本医疗保险费。

d. 生育保险费:是指企业按照规定标准为职工缴纳的生育保险费。

e. 工伤保险费:是指企业按照规定标准为职工缴纳的工伤保险费。

②住房公积金:是指企业按规定标准为职工缴纳的住房公积金。

③工程排污费:是指按规定缴纳的施工现场工程排污费。

其他应列而未列入的规费,按实际发生计取。

(7)税金

税金是指国家税法规定的应计入建筑安装工程造价内的营业税、城市维护建设税、教育费附加以及地方教育附加。

2)建筑安装工程费用项目组成按造价形成划分

建筑安装工程费按照工程造价形成划分,由分部分项工程费、措施项目费、其他项目费、规费、税金组成。分部分项工程费、措施项目费、其他项目费包含人工费、材料费、施工机具使用费、企业管理费和利润(见图1.9)。

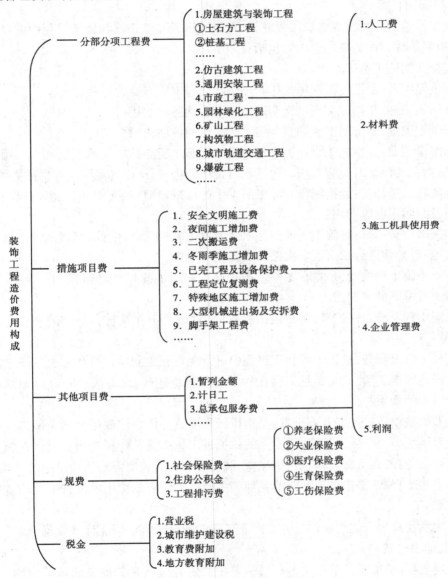

图 1.9 建筑安装工程费用项目组成表(按造价形成划分)

(1)分部分项工程费

分部分项工程费是指各专业工程的分部分项工程应予列支的各项费用。

①专业工程:是指按现行国家计量规范划分的房屋建筑与装饰工程、仿古建筑工程、通用安装工程、市政工程、园林绿化工程、矿山工程、构筑物工程、城市轨道交通工程、爆破工程等

各类工程。

②分部分项工程:是指按现行国家计量规范对各专业工程划分的项目。如房屋建筑与装饰工程划分的土石方工程、地基处理与桩基工程、砌筑工程、钢筋及钢筋混凝土工程等。

各类专业工程的分部分项工程划分见现行国家或行业计量规范。

(2)措施项目费

措施项目费是指为完成建设工程施工,发生于该工程施工前和施工过程中的技术、生活、安全、环境保护等方面的费用。内容包括:

①安全文明施工费:

a.环境保护费:是指施工现场为达到环保部门要求所需要的各项费用。

b.文明施工费:是指施工现场文明施工所需要的各项费用。

c.安全施工费:是指施工现场安全施工所需要的各项费用。

d.临时设施费:是指施工企业为进行建设工程施工所必须搭设的生活和生产用的临时建筑物、构筑物和其他临时设施费用。包括临时设施的搭设、维修、拆除、清理费或摊销费等。

②夜间施工增加费:是指因夜间施工所发生的夜班补助费、夜间施工降效、夜间施工照明设备摊销及照明用电等费用。

③二次搬运费:是指因施工场地条件限制而发生的材料、构配件、半成品等一次运输不能到达堆放地点,必须进行二次或多次搬运所发生的费用。

④冬雨季施工增加费:是指在冬季或雨季施工需增加的临时设施、防滑、排除雨雪,人工及施工机械效率降低等费用。

⑤已完工程及设备保护费:是指竣工验收前,对已完工程及设备采取的必要保护措施所发生的费用。

⑥工程定位复测费:是指工程施工过程中进行全部施工测量放线和复测工作的费用。

⑦特殊地区施工增加费:是指工程在沙漠或其边缘地区、高海拔、高寒、原始森林等特殊地区施工增加的费用。

⑧大型机械设备进出场及安拆费:是指机械整体或分体自停放场地运至施工现场或由一个施工地点运至另一个施工地点,所发生的机械进出场运输及转移费用及机械在施工现场进行安装、拆卸所需的人工费、材料费、机械费、试运转费和安装所需的辅助设施的费用。

⑨脚手架工程费:是指施工需要的各种脚手架搭、拆、运输费用以及脚手架购置费的摊销(或租赁)费用。

措施项目及其包含的内容详见各类专业工程的现行国家或行业计量规范。

(3)其他项目费

①暂列金额:是指建设单位在工程量清单中暂定并包括在工程合同价款中的一笔款项。用于施工合同签订时尚未确定或者不可预见的所需材料、工程设备、服务的采购,施工中可能发生的工程变更、合同约定调整因素出现时的工程价款调整以及发生的索赔、现场签证确认等的费用。

②计日工:是指在施工过程中,施工企业完成建设单位提出的施工图纸以外的零星项目或工作所需的费用。

③总承包服务费:是指总承包人为配合、协调建设单位进行的专业工程发包,对建设单位

自行采购的材料、工程设备等进行保管以及施工现场管理、竣工资料汇总整理等服务所需的费用。

(4)规费(定义同上)

(5)税金(定义同上)

1.5 装饰工程计价原理

建筑安装工程费用是建设项目投资中非常重要的一个组成部分,在建设项目的不同阶段,根据设计深度的不同,采用的计价方法也不同,其中施工图预算编制中有传统的定额计价模式和工程量清单计价模式。

▶ 1.5.1 定额计价原理

定额计价模式是采用国家、部门或地方统一规定的定额和取费标准进行工程造价计价的模式。它是我国长期使用的一种施工图预算编制方法。

传统的定额计价模式,是由主管部分制定工程预算定额,并且规定相关取费标准,发布有关资源价格信息,建设单位和施工单位均先根据预算定额中规定的工程量计算规则、定额单价计算分部分项工程、技术措施项目工程费,再按照规定的费率和取费程序计取组织措施费、企业管理费、规费、利润和税金,汇总得到工程造价。

按照《重庆市建设工程费用定额》(CQFYDE—2008)的规定,重庆市建设工程造价管理总站最新调整的定额工程费用计算程序见表1.5。

表1.5 工程费用计算程序

序 号	费用名称	计算公式	备 注
一	直接费	1+2+3	
1	直接工程费	1.1+1.2+1.3+1.4	
1.1	人工费	1.1.1+1.1.2	
1.1.1	定额基价人工费	定额基价人工费	1. 含按计价定额基价计算的实体项目和技术措施项目费 2. 定额人工单价(基价)调整按渝建〔2016〕71 号规定计算
1.1.2	定额人工单价(基价)调整	1.1.1×[定额人工单价(基价)调整系数-1]	
1.2	材料费	定额基价材料费	
1.3	机械费	1.3.1+1.3.2	
1.3.1	定额基价机械费	定额基价机械费	
1.3.1.1	其中:定额基价机上人工费		
1.3.2	定额机上人工单价(基价)调整	1.3.1×[定额人工单价(基价)调整系数-1]	
1.4	未计价材料费		

续表

序　号	费用名称	计算公式	备　注
2	组织措施费	2.1＋2.2＋…＋2.7	渝建发〔2014〕27号
2.1	夜间施工费	1.1.1×费率	
2.2	冬雨季施工增加费	1.1.1×费率	
2.3	二次搬运费	按实签证计算	
2.4	包干费	1.1.1×费率	
2.5	已完工程及设备保护费	1.1.1×费率	
2.6	工程定位复测、点交及场地清理费	1.1.1×费率	
2.7	材料检验试验费	1.1.1×费率	
3	允许按实计算费用及价差	3.1＋3.2＋3.3＋3.4	
3.1	人工费价差		
3.2	材料费价差		
3.3	按实计算费用		
3.4	其他		
二	间接费	4＋5	
4	企业管理费	1.1.1×费率	渝建发〔2014〕27号
5	规费	1.1.1×费率	
三	利润	1.1.1×费率	
四	建设工程竣工档案编制费	1.1.1×费率	渝建发〔2014〕26号
五	住宅工程质量分户验收费	按文件规定计算	渝建发〔2013〕19号
六	安全文明施工费	按文件规定计算	渝建发〔2014〕25号
七	税金	（一＋二＋三＋四＋五＋六）×费率	渝建发〔2014〕440号
八	工程造价	一＋二＋三＋四＋五＋六＋七	

注：①此表为调整后的装饰、安装、市政安装（含给水、燃气安装及道路交通管理设施）、人工土石方、园林、绿化、单拆除、安装修缮工程费用计算程序。

②安全文明施工费按渝建发〔2014〕25号文规定，装饰（含幕墙工程）、安装、市政安装、园林、绿化工程以人工费（含价差）为基础计算；单拆除、安装修缮工程以税前工程造价为基础计算；人工土石方工程以开挖工程量为基础计算。

对表1.5工程费用计算程序有以下说明：

①重庆市建设工程费用定额规定，按照工程类别划分确定计费标准，表1.6为重庆市装饰工程类别划分标准。

表 1.6　装饰工程类别划分标准

工程分类	类别特征
一类	1. 直接费 > 1 000 元/m² 的装饰工程； 2. 装饰建筑面积 > 10 000 m² 的工程； 3. 外装饰高度 > 70 m 的工程； 4. 玻璃幕墙高度 > 50 m 的工程； 5. 三星级以上宾馆大堂的装饰工程
二类	1. 直接费 > 600 元/m² 的装饰工程； 2. 装饰建筑面积 > 5 000 m² 的工程； 3. 外装饰高度 > 50 m 的工程； 4. 玻璃幕墙高度 > 30 m 的工程； 5. 三星级以下宾馆大堂的装饰工程
三类	1. 直接费 ≤ 600 元/m² 的装饰工程； 2. 装饰建筑面积 ≤ 5 000 m² 的工程； 3. 外装饰高度 ≤ 50 m 的工程； 4. 玻璃幕墙高度 ≤ 30 m 的工程

②重庆市城乡建设委员会《关于调整建设工程定额人工单价的通知》(渝建发〔2016〕71号)中决定调整建设工程定额人工单价,其中,2008 年《重庆市装饰工程计价定额》中土石方人工调整系数为 2.41,装饰人工单价(基价)调整系数为 3.04。但调整的定额人工单价(基价)与原定额人工单价(基价)之差部分按价差处理,不作为计取组织措施费、企业管理费、利润、规费的基数。

③重庆市城乡建设委员会《关于调整企业管理费和组织措施费内容及费用标准的通知》(渝建发〔2014〕27 号)中规定了装饰工程企业管理费、组织措施费标准,具体见表 1.7。

表 1.7　2008 年《重庆市建设工程费用定额》装饰工程企业管理费和组织措施费标准

序号	专业名称	工程类别	组织措施费/%	企业管理费/%
1	装饰工程	一类	26.10	35.43
		二类	23.12	33.45
		三类	20.49	29.99

其中,装饰工程组织措施费取费标准具体见表 1.8。

④建设工程竣工档案编制费包括施工企业根据建设工程档案管理的有关规定,在建设工程施工过程中收集、整理、制作、装订、归档具有保持价值的文字、图纸、图表、声像、电子文件等各种建设工程档案资料所发生的费用。建设工程竣工档案编制费标准具体见表 1.9。

表 1.8　装饰工程费用标准

费用名称	工程分类	一类	二类	三类
组织措施费/%	夜间施工费	8.46	7.91	7.39
	冬雨季施工增加费	6.64	6.21	5.80
	二次搬运费	—		
	包干费	3.00		
	已完工程及设备保护费	4.00	3.00	2.00
	工程定位复测、点交及场地清理费	2.50	2.00	1.50
	材料检验试验费	1.50	1.00	0.80
	组织措施费合计	26.10	23.12	20.49
间接费/%	企业管理费	35.43	33.45	29.99
	规费	25.20		
利润/%		27.50	25.50	21.00

表 1.9　建设工程竣工档案编制费标准

房屋建筑与市政基础设施/%												
建筑工程	市政工程	机械土石方工程	仿古建筑工程	装饰工程	安装工程	市政安装工程	人工土石方工程	园林工程	绿化工程	安装修缮工程	建筑修缮工程	炉窑砌筑工程
0.28	0.23	0.1	0.31	1.49	2.53	2.49	0.23	0.06	0.05	1.97	0.23	0.23

注:①房屋建筑与市政基础设施工程中:建筑工程、市政工程、机械土石方工程、仿古建筑工程、建筑修缮工程以定额基价直接工程费为计算基础,装饰工程、安装工程、人工土石方工程、园林工程、绿化工程、安装修缮工程以定额基价人工费为计算基础。

②本表所列费用标准是按施工企业编制完成三套建设工程竣工档案制定的,若建设单位要求增加套数时,每增加一套费用标准上浮10%。

⑤按渝建发〔2013〕19 号文规定,住宅工程质量分户验收费用按住宅单位工程建筑面积计算,费用标准为 1.35 元/m²。

⑥安全文明施工费根据渝建发〔2014〕25 号文的规定,安全文明施工费的组成见表 1.10,安全文明施工费标准见表 1.11。

表1.10　　安全文明施工费的组成

费用内容	
安全施工费	1.完善、改造和维护安全防护设施设备费用(不含安全设施与主体工程同时设计、同时施工、同时投入生产和使用,即"三同时"要求初期投入的安全设施),包括施工现场临时用电系统(施工安全用电的三级配电箱、两级保护装置、外电保护措施)、洞口(楼梯口、电梯井口、通道口、预留洞口)、临边(阳台边、楼板边、屋面周边、槽坑周边、卸料平台两侧)、机械设备(起重机、塔吊、施工升降机等机械设备的安全防护及现场施工机具操作区安全保护设施)、高处及交叉作业防护(建筑物垂直封闭、垂直防护架、水平防护架、安全防护通道措施)、防火、防爆、防尘、防毒、防雷等设施设备费用; 2.配备、维护、保养应急救援器材、设备费用和应急演练费用; 3.配备和更新安全帽、安全绳等现场作业人员安全防护用品及用具费用; 4.安全施工专项方案及安全资料的编制费用; 5.建筑工地安全设施及起重机械等设备的特种检测检验费用; 6.开展重大危险源和事故隐患评估、监控和整改及远程监控设施安装、使用及设施摊销等费用; 7.安全生产检查、评价咨询和标准化建设费用; 8.安全生产培训、教育、宣传费用; 9.安全生产适用的新技术、新标准、新工艺、新装备的推广应用费用; 10.治安秩序管理费用; 11.其他安全生产费用
文明施工费	1.安全文明施工标志及标牌的购置、安装费用; 2.临时围挡墙面的美化(内外抹灰、刷白、标语、彩绘等)、维护、保洁费用; 3.现场临时办公及生活设施,包括办公、宿舍、食堂、厕所、淋浴房、盥洗处、医疗保健室、学习娱乐活动室等墙地面贴砖、地面硬化等装饰装修费用,以及符合安全、卫生、通风、采光、防火要求的设施费用; 4.现场出入口、施工操作场地、现场临时道路硬化、拆除、清运及弃渣费用; 5.车辆冲洗设施及冲洗保洁费用、现场卫生保洁费用; 6.现场临时绿化费用; 7.控制扬尘、噪声、废气费用; 8.临时设施的保温隔热措施费用; 9.临时占道施工协助交通管理费用; 10.施工围挡封闭施工费用; 11.建筑施工垃圾清运及弃渣费用; 12.易洒漏物质密闭运输费用; 13.现场临时医疗、救援及保健物品的配置费用; 14.生产工人防暑降温费、防寒保暖费用; 15.其他文明施工费用
环境保护费	施工现场为达到环保等有关部门要求所需要的各项费用
临时设施费	包括临时办公、宿舍、食堂、厕所、淋浴房、盥洗处、医疗保健室、学习娱乐活动室、材料仓库、加工厂、施工围墙、人行便道、构筑物以及施工现场范围内建筑物(构筑物)沿外边起50 m以内的供(排)水管道(沟)、供电管线等设施的搭设、维修、拆除、清理和摊销等费用

注:①房屋建筑及市政基础设施工程发生的地上、地下设施与建筑物的临时保护措施项目,包括对已建成的地上、地下、周边建筑物、构筑物、文物、园林绿化和电力、通信、给排水、油、天燃气管线等城市基础设施进行覆盖、封闭、隔离等必要保护措施所发生的安全防护措施费用,按有关规定另行计算;
②防地质灾害、地下工程有害气体监测及设施设备费用,发生时另行计算;
③生产工人防暑降温费未包含高温补贴费,发生时按有关规定另行计算;
④工程排污费按国家及本市环保等部门的有关规定另行计算。

表 1.11　安全文明施工费标准

项目名称		计费基础	计费标准
建筑工程	工业建筑	工程造价	3.37%
	民用建筑	工程造价	3.74%
构筑物		工程造价	3.33%
装饰工程		人工费	10.76%
土石方工程		开挖土石方量	0.85 元
安装工程		人工费	19.11%
仿古建筑工程		工程造价	3.14%
园林绿化工程		人工费	7.38%
房屋修缮工程		工程造价	3.20%
道路工程		工程造价 1 亿元以内	2.90%
		工程造价 1 亿元以上	2.61%
桥梁工程		工程造价 2 亿元以内	3.07%
		工程造价 2 亿元以上	2.80%
隧道工程		工程造价 1 亿元以内	2.80%
		工程造价 1 亿元以上	2.54%
其他市政工程		工程造价	2.53%
城市轨道交通工程	工厂预制梁（PC 梁、箱梁、U 形梁等）及铺轨工程	工程造价 2 亿元以内	2.26%
		工程造价 2 亿元以上	2.13%
	桥梁、高架区间、高架车站工程	工程造价 2 亿元以内	3.57%
		工程造价 2 亿元以上	3.30%
	地下区间、地下车站工程	工程造价 1 亿元以内	2.80%
		工程造价 1 亿元以上	2.54%
	通信、信号、供电、智能与控制系统、机电设备工程	人工费	19.11%

注：①本表计费标准为工地标准化评定等级为合格的标准。

②计费基础：建筑、构筑物、仿古建筑、房屋修缮、道路、桥梁、隧道、其他市政及城市轨道交通工程均以税前工程造价为基础计算；装饰工程（含幕墙工程）、安装工程（含市政安装工程）、园林绿化工程按人工费（含价差）为基础计算；土石方工程（不含建、构筑物及市政工程基础土石方）以开挖工程量为基础计算。

③借土回填土石方工程，按借土回填量乘土石方标准的 50% 计算。

④城市轨道交通工程的建筑、装饰、仿古建筑、园林绿化、房屋修缮、土石方、其他市政等工程按相应建筑、装饰、仿古建筑、园林绿化、房屋修缮、土石方、其他市政工程标准计算。

⑤以上各项工程计费条件按单位工程划分。

⑥同一施工单位承建建筑、安装、单独装饰及土石方工程时，应分别计算安全文明施工费。同一施工单位同时承建建筑工程中的装饰项目时，安全文明施工费按建筑工程标准执行。

⑦同一施工单位承建道路、桥梁、隧道、城市轨道交通工程时，其附属工程的安全文明施工费按道路、桥梁、隧道、城市轨道交通工程的标准执行。

⑧道路、桥梁、隧道、其他市政、城市轨道交通工程费用计算按照累进制计取。例如，某道路工程造价为 1.2 亿元，安全文明施工费计算如下：10 000 万元 × 2.90% = 290 万元，（12 000 - 10 000）万元 × 2.61% = 52.20 万元，合计 = 290 万元 + 52.20 万元 = 342.20 万元。

⑦税金根据重庆市建设委员会《关于调整建筑安装工程税金计取费率的通知》(渝建发〔2011〕440 号)文件规定,其标准见表 1.12。

表 1.12 建筑安装工程税金标准

工程地点	税率/%
市、区	3.48
县城、镇	3.41
不在市区、县城镇	3.28

注:2016 年 5 月 1 日(含)后进行招投标的建设工程以及 2016 年 4 月 30 日(含)前发布了招标文件但尚未开标的建设工程,招标文件及招标控制价的编制执行建筑业营改增调整的建设工程计价依据。

▶ 1.5.2 清单计价原理

工程量清单计价模式是招标人按照国家统一的工程量清单计价规范中的工程量计算规则提供工程量清单和技术说明,由投标人依据企业自身的条件和市场价格对工程量清单自主报价的工程造价计价模式。其内容包含分部分项工程、单价措施项目工程、总价措施项目工程、其他项目工程、规费和税金。

工程量清单计价的基本过程可描述为:在统一的工程量计算规则的基础上,统一制定工程量清单项目设置规则,根据具体工程的施工图纸计算出各个清单项目的工程量,再根据各种渠道所获得的工程造价信息和经验数据计算得到工程造价。工程量清单计价模式在招投标阶段的编制过程可分为两个阶段:工程量清单格式的编制和利用工程量清单编制投标报价。具体步骤如下:

①做好招投标前期准备工作,即招标单位在工程方案、初步设计完成后,由招标单位或请具备相应资质的中介机构根据工程特点和招标文件的有关要求编制工程量清单。

②工程量清单由招标单位完成后,投标人根据招标文件、工程量清单的编制规则和设计图纸对工程量清单进行复核。

③工程量清单的答疑会议。投标人对工程量清单不明的地方提出异议,招标单位召开答疑会议,解答提出的问题,并以会议记录的形式发放给所有投标人。

④投标人依照统一的工程量清单确定投标综合单价,并对综合单价进行分析,将各项费用汇总得出工程总造价。

⑤评标与定标。在评标的过程中,要淡化标底的作用,以审定的招标控制价、各投标人的投标价格及招标单位的招标控制价作为评审标价的标准尺度。

具体的建筑安装工程计价程序见表 1.13 至表 1.15,其中建筑安装工程计价参考公式如下:

(1)分部分项工程费

$$分部分项工程费 = \sum(分部分项工程量 \times 综合单价)$$

式中,综合单价包括人工费、材料费、施工机具使用费、企业管理费和利润以及一定范围的风险费用(下同)。

（2）措施项目费

①国家计量规范规定应予计量的措施项目，其计算公式为：

$$措施项目费 = \sum（措施项目工程量 \times 综合单价）$$

②国家计量规范规定不宜计量的措施项目，其计算方法如下：

a. 安全文明施工费：

$$安全文明施工费 = 计算基数 \times 安全文明施工费费率（\%）$$

计算基数应为定额基价（定额分部分项工程费 + 定额中可以计量的措施项目费）、定额人工费或（定额人工费 + 定额机械费），其费率由工程造价管理机构根据各专业工程的特点综合确定。

b. 夜间施工增加费：

$$夜间施工增加费 = 计算基数 \times 夜间施工增加费费率（\%）$$

c. 二次搬运费：

$$二次搬运费 = 计算基数 \times 二次搬运费费率（\%）$$

d. 冬雨季施工增加费：

$$冬雨季施工增加费 = 计算基数 \times 冬雨季施工增加费费率（\%）$$

e. 已完工程及设备保护费：

$$已完工程及设备保护费 = 计算基数 \times 已完工程及设备保护费费率（\%）$$

上述 b—e 项措施项目的计费基数应为定额人工费或（定额人工费 + 定额机械费），其费率由工程造价管理机构根据各专业工程的特点和调查资料综合分析后确定。

（3）其他项目费

①暂列金额由建设单位根据工程特点按有关计价规定估算，施工过程中由建设单位掌握使用，扣除合同价款调整后如有余额归建设单位。

②计日工由建设单位和施工企业按施工过程中的签证计价。

③总承包服务费由建设单位在招标控制价中根据总包服务范围和有关计价规定编制，施工企业投标时自主报价，施工过程中按签约合同价执行。

（4）规费和税金

建设单位和施工企业均应按照省、自治区、直辖市或行业建设主管部门发布标准计算规费和税金，不得作为竞争性费用。

表 1.13　建设单位工程招标控制价计价程序

工程名称：　　　　　　　　　　　　　　　　　　　　　　　标段：

序　号	内　　容	计算方法	金　额/元
1	分部分项工程费	按计价规定计算	
1.1			
1.2			
1.3			
1.4			
1.5			
2	措施项目费	按计价规定计算	
2.1	其中:安全文明施工费	按规定标准计算	
3	其他项目费		
3.1	其中:暂列金额	按计价规定估算	
3.2	其中:专业工程暂估价	按计价规定估算	
3.3	其中:计日工	按计价规定估算	
3.4	其中:总承包服务费	按计价规定估算	
4	规费	按规定标准计算	
5	税金(扣除不列入计税范围的工程设备金额)	(1+2+3+4)×规定税率	
	招标控制价合计 = 1 + 2 + 3 + 4 + 5		

表1.14 施工企业工程投标报价计价程序

工程名称：   标段：

序 号	内 容	计算方法	金 额/元
1	分部分项工程费	自主报价	
1.1			
1.2			
1.3			
1.4			
1.5			
2	措施项目费	自主报价	
2.1	其中:安全文明施工费	按规定标准计算	
3	其他项目费		
3.1	其中:暂列金额	按招标文件提供金额计列	
3.2	其中:专业工程暂估价	按招标文件提供金额计列	
3.3	其中:计日工	自主报价	
3.4	其中:总承包服务费	自主报价	
4	规费	按规定标准计算	
5	税金(扣除不列入计税范围的工程设备金额)	(1+2+3+4)×规定税率	
	投标报价合计＝1+2+3+4+5		

表 1.15 竣工结算计价程序

工程名称：   标段：

序 号	汇总内容	计算方法	金 额/元
1	分部分项工程费	按合同约定计算	
1.1			
1.2			
1.3			
1.4			
1.5			
2	措施项目	按合同约定计算	
2.1	其中:安全文明施工费	按规定标准计算	
3	其他项目		
3.1	其中:专业工程结算价	按合同约定计算	
3.2	其中:计日工	按计日工签证计算	
3.3	其中:总承包服务费	按合同约定计算	
3.4	索赔与现场签证	按发承包双方确认数额计算	
4	规费	按规定标准计算	
5	税金(扣除不列入计税范围的工程设备金额)	(1+2+3+4)×规定税率	
	竣工结算总价合计 = 1+2+3+4+5		

第2篇
装饰工程计量与实务

某小区 B-1 户型样板间装饰工程图纸

工程概况:某小区 B-1 户型样板间装饰工程,两室两厅建筑面积 68.49 m²,装修现代简约风格,书房的榻榻米和书柜、厨房的橱柜等家具采用定制,室内均不做门,门窗套采用黑色不锈钢,主卧室无衣柜门,卫生间窗户 C0709,书房窗户 C1511,入户门 M1024。

1)楼地面装饰装修做法

(1)地面 1(客厅、餐厅及厨房)

①面砖表面保护及清洁处理;

②粘贴 HT-1 600 mm×600 mm 地砖,填缝并清缝;

③基层清理,1:2.5 水泥砂浆结合层。

(2)地面 2(书房)

①CA-1 地毯铺贴;

②基层清理,10 mm 厚 1:2.5 水泥砂浆找平层;

③50 mm 厚 1:2.5 细水泥砂浆垫层。

(3)地面 3 木地板做法(主卧室)

①基层清理,地垫铺贴及 WD-1 实木复合地板安装;

②50 mm 厚 1:2.5 水泥砂浆垫层。

(4)地面 4(卫生间、景观阳台及生活阳台)

①面砖表面保护及清洁处理;

②粘贴 HT-2 300 mm×300 mm 防滑砖、填缝并清缝(卫生间),粘贴 HT-3 300 mm×300 mm防滑砖、填缝并清缝(景观阳台及生活阳台);

③基层清理,1:2.5 水泥砂浆结合层;

④1:2.5 水泥砂浆保护层一道;

⑤基层清理,K11 涂膜防水涂层,防水高度 1 800 mm;

⑥基层清理,轻质材料回填夯实。

2)内墙面装饰装修做法

(1)内墙面 1(客厅、主卧)

①饰面层:WD-2 咖啡梨木饰面(刷硝基清漆两遍);

　　FB-1 皮革硬包;

GL-01 银镜磨花;

MT-01 黑色不锈钢。

②基层:15 mm 木工板、18 mm 木工板(刷防火两遍)。

③龙骨基层:木龙骨基层 20 mm×50 mm(刷防火两遍)。

(2)内墙面 2(客厅、主卧、书房)

①面层对花贴墙纸(专用墙纸胶水);

②刮防水腻子两遍。

(3)内墙面 3(厨房、卫生间)

①白水泥擦缝;

②300 mm×600 mm 釉面砖;

③5 mm 厚 1:2.5 水泥砂浆黏结层。

3)天棚装饰装修做法

(1)天棚 1(主卧室、书房、客厅、餐厅、厨房及主卧室飘窗)

①刷 PT-1 白色乳胶漆或 PT-3 黑色乳胶漆底漆及面漆饰面;

②木工板、石膏板封面(木作材料防火涂料两遍);

③400 mm 间距上人龙骨基层;

④基层清理,ϕ8 通丝吊杆校平。

(2)天棚 2(卫生间)

①刷 PT-2 防水乳胶漆底漆及面漆饰面;

②木工板基层、埃特板封面(木作材料防火涂料两遍);

③400 mm 间距上人龙骨基层;

④基层清理,ϕ8 通丝吊杆校平。

(3)天棚 3(景观阳台及生活阳台)

①刷 PT-1 白色乳胶漆底漆及面漆饰面;

②腻子找平、修补及打磨;

③基层清理,刮腻子两遍。

(4)窗帘盒

①木质窗帘盒;

②刷 PT-1 白色乳胶漆底漆及面漆饰面。

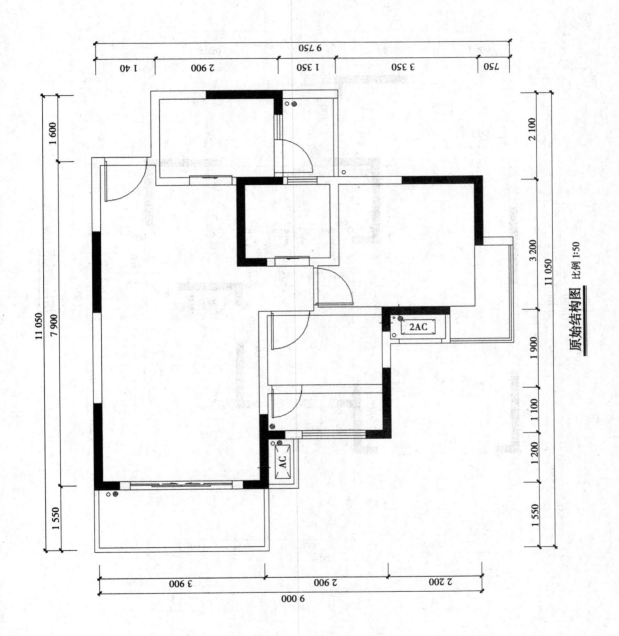

原始结构图 比例 1:50

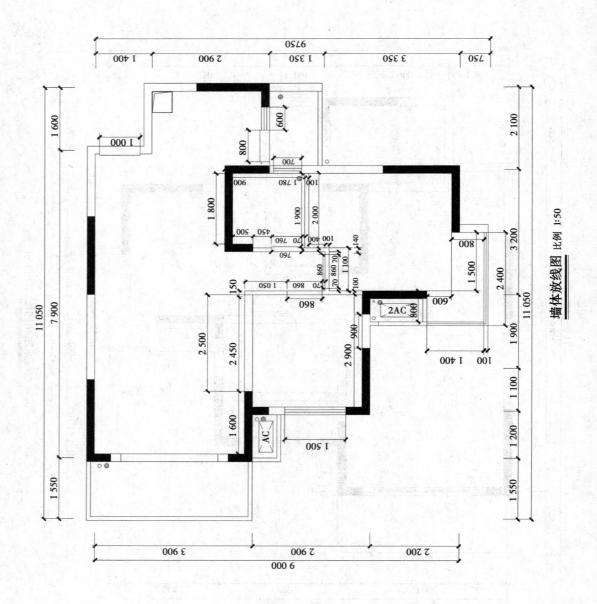

墙体放线图 比例 1:50

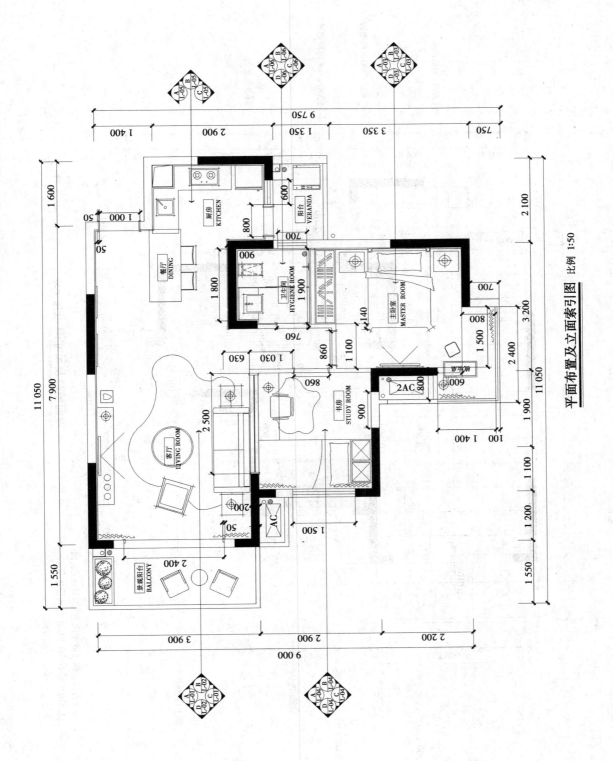

平面布置及立面索引图 比例 1:50

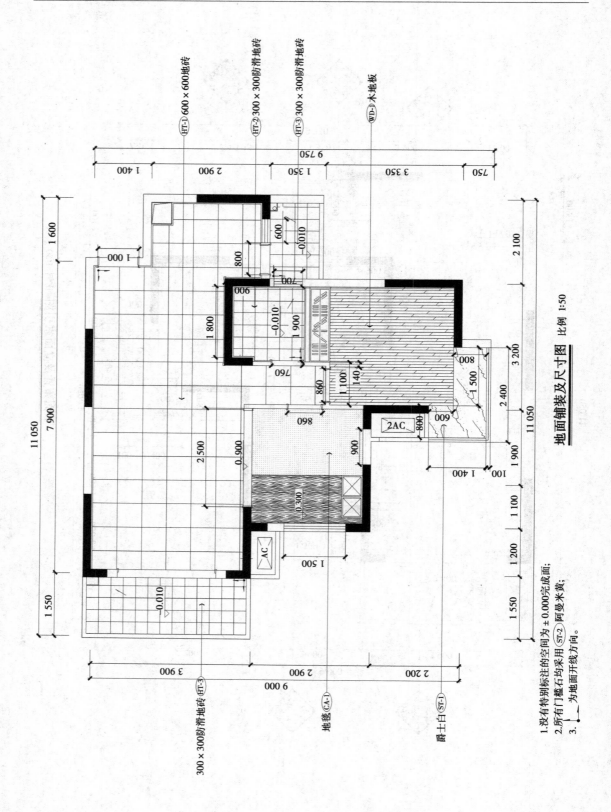

地面铺装及尺寸图 比例 1:50

1. 没有特别标注的空间为±0.000完成面；
2. 所有门槛石均采用 (ST-2) 阿曼米黄；
3. ——> 为地面开线方向。

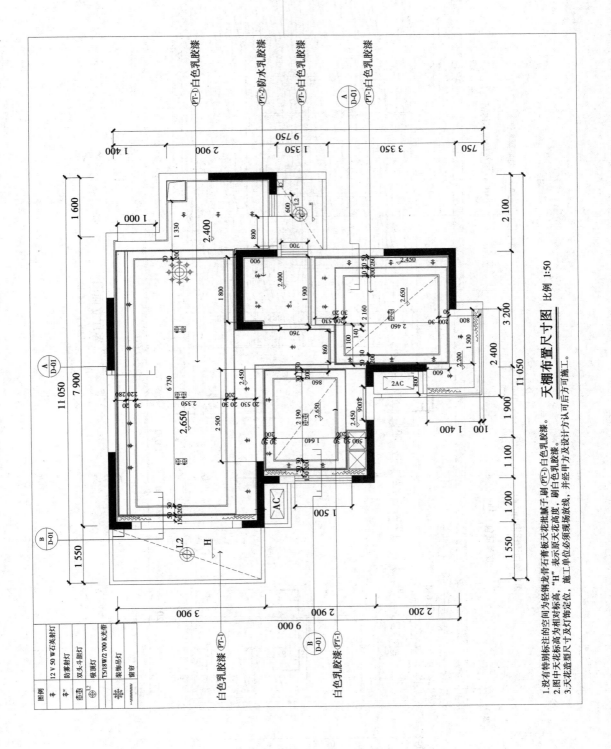

天棚布置尺寸图 比例 1:50

1. 没有特别标注的空间为轻钢龙骨石膏板天花批腻子刷(PT-1)白色乳胶漆。
2. 图中天花标高为相对标高,"H"表示原天花高度,刷白色乳胶漆。
3. 天花造型尺寸及灯饰定位,施工单位必须现场放线,并经甲方及设计方认可后方可施工。

图例	
✦	12 V 50 W石英射灯
✦	防雾射灯
⊕	双头斗胆灯
⊕12	吸顶灯
▦	TS/18W/2 700 K光带
※	装饰吊灯
∿∿∿	窗帘

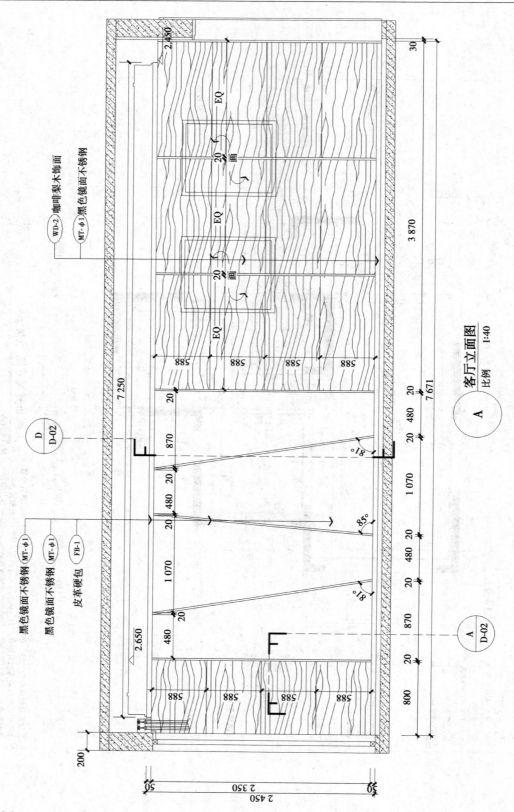

客厅立面图 比例 1:40

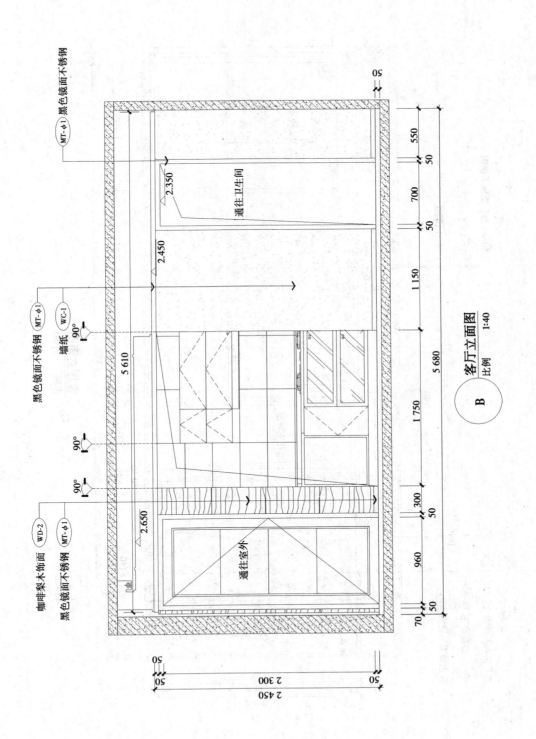

客厅立面图

比例 1:40

B

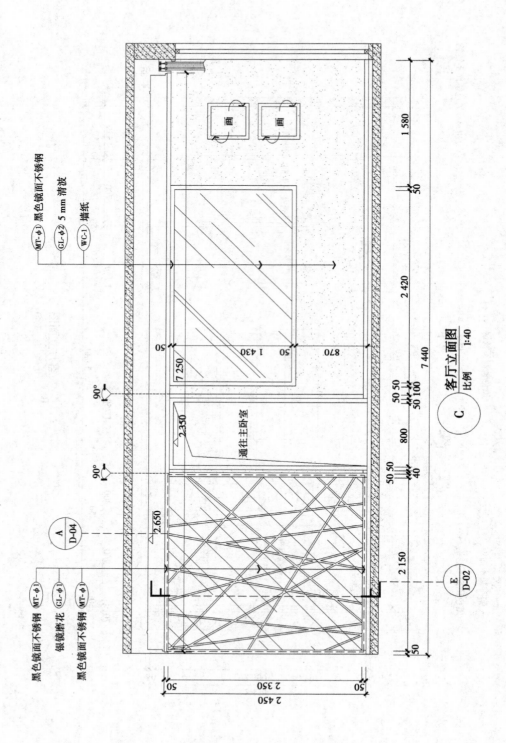

客厅立面图

比例 1:40

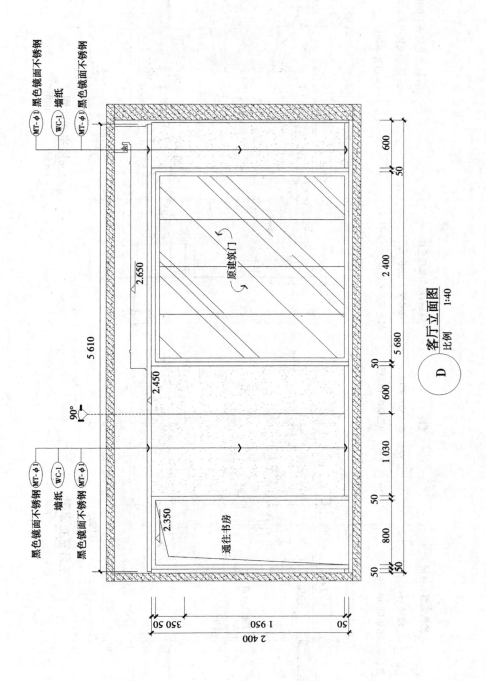

客厅立面图
比例 1:40

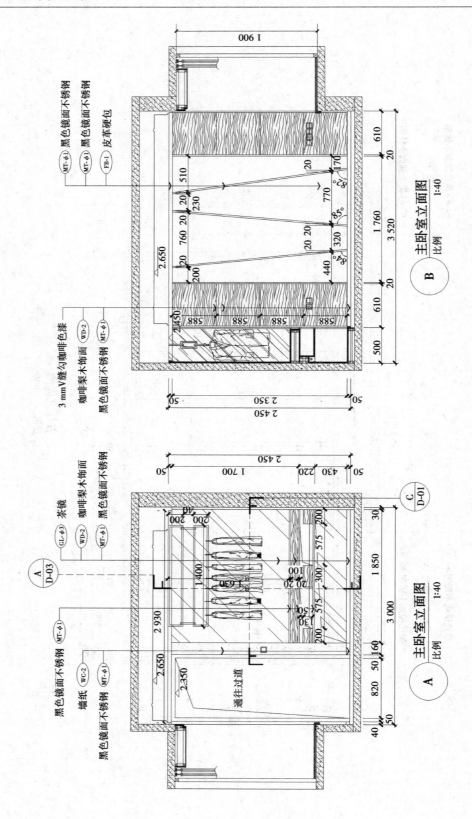

主卧室立面图 1:40 比例 B

主卧室立面图 1:40 比例 A

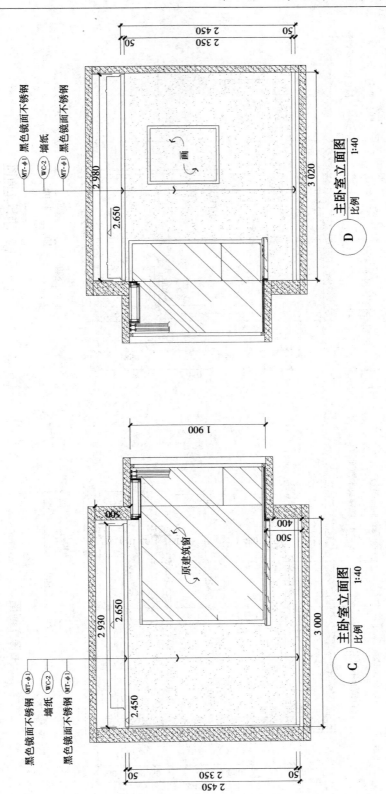

黑色镜面不锈钢 (MT-φ1)
墙纸 WC-2
黑色镜面不锈钢 (MT-φ1)

2 980
2.650
3 020

画

D　主卧室立面图
比例　1:40

黑色镜面不锈钢 (MT-φ1)
墙纸 WC-2
黑色镜面不锈钢 (MT-φ1)

2 930
2.650
2.450
3 000

原建筑窗

C　主卧室立面图
比例　1:40

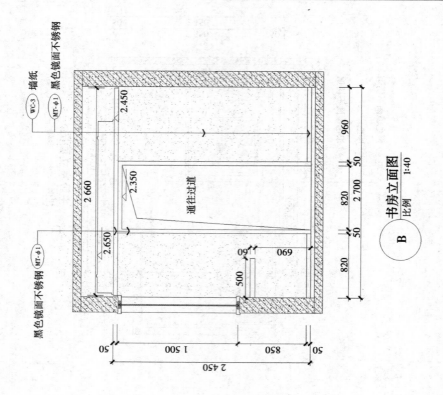

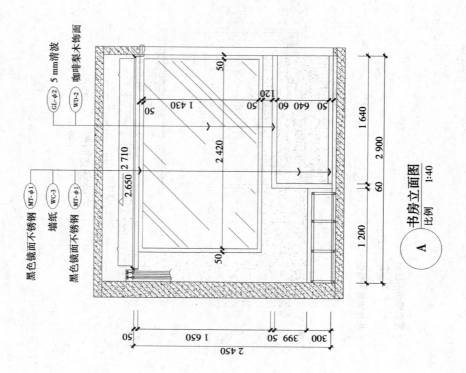

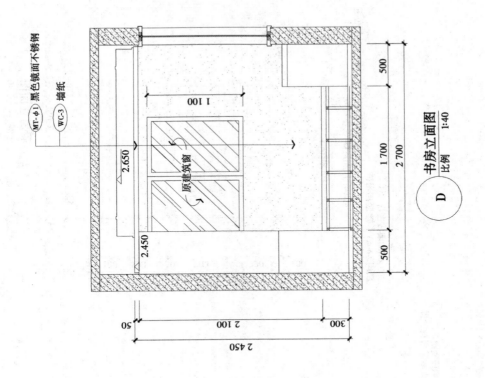

书房立面图　D　比例 1:40

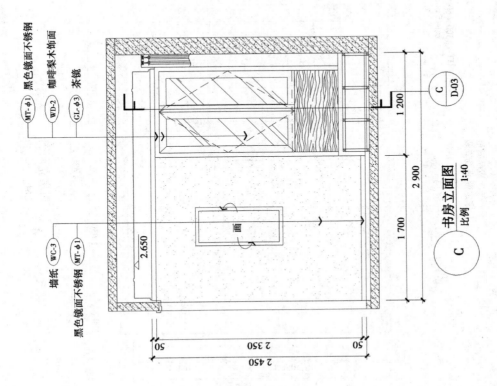

书房立面图　C　比例 1:40

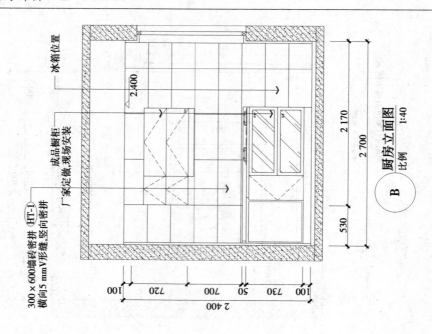

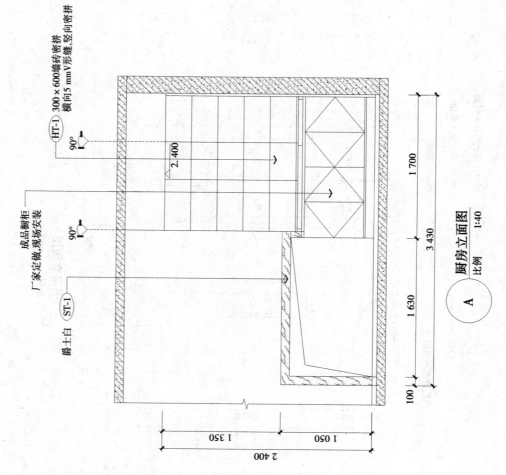

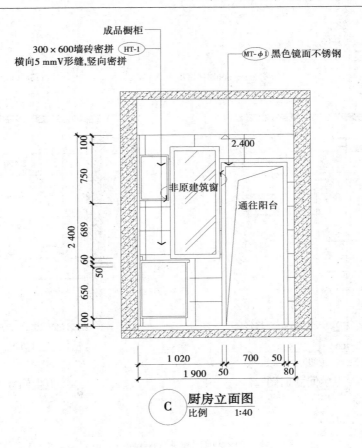

成品橱柜

300×600墙砖密拼
横向5 mmV形缝,竖向密拼 HT-1

MT-φ1 黑色镜面不锈钢

2.400

非原建筑窗

通往阳台

C 厨房立面图
比例 1:40

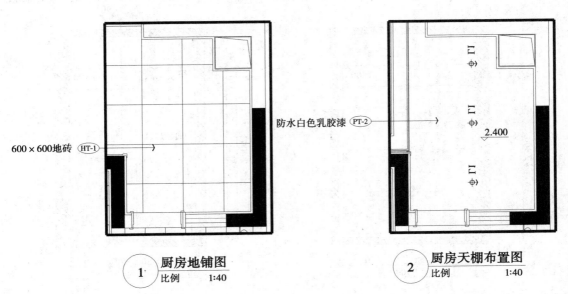

600×600地砖 HT-1

防水白色乳胶漆 PT-2

2.400

1 厨房地铺图
比例 1:40

2 厨房天棚布置图
比例 1:40

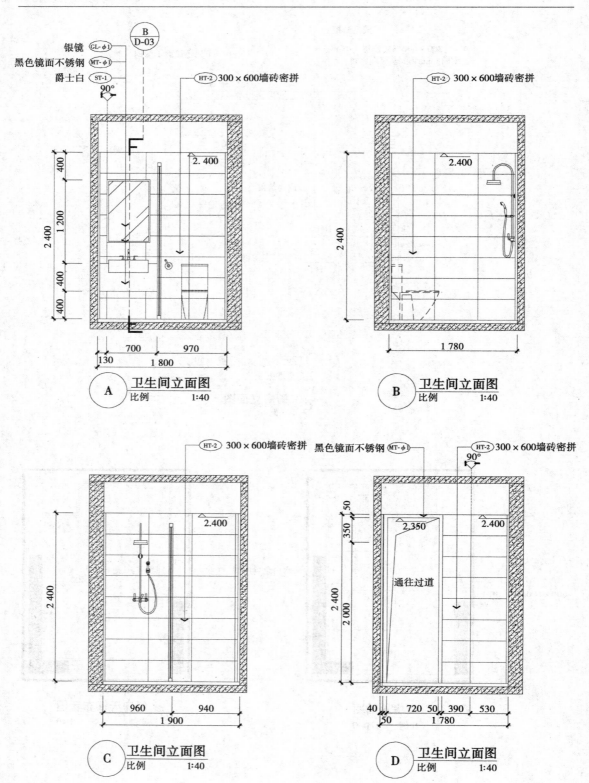

银镜 GL-φ1
黑色镜面不锈钢 MT-φ1
爵士白 ST-1
90°

B
D-03

HT-2 300×600墙砖密拼

2.400

400
1 200
2 400
400
400

700   970
130
1 800

A 卫生间立面图
比例   1:40

HT-2 300×600墙砖密拼

2.400

2 400

1 780

B 卫生间立面图
比例   1:40

HT-2 300×600墙砖密拼

2.400

2 400

960   940
1 900

C 卫生间立面图
比例   1:40

黑色镜面不锈钢 MT-φ1   HT-2 300×600墙砖密拼
90°

50
350
2 400
2 000

2.350
2.400

通往过道

40 720 50 390 530
50
1 780

D 卫生间立面图
比例   1:40

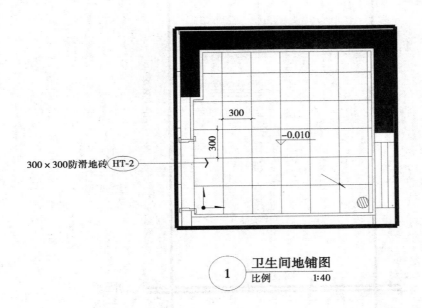

300×300防滑地砖 HT-2

1 **卫生间地铺图**
比例　　　　　1:40

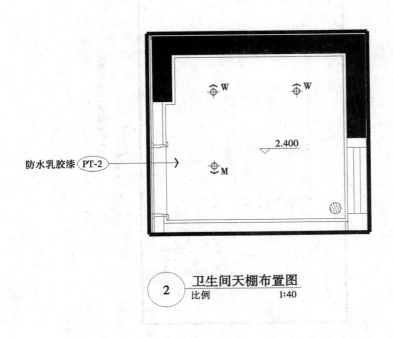

防水乳胶漆 PT-2

2 **卫生间天棚布置图**
比例　　　　　1:40

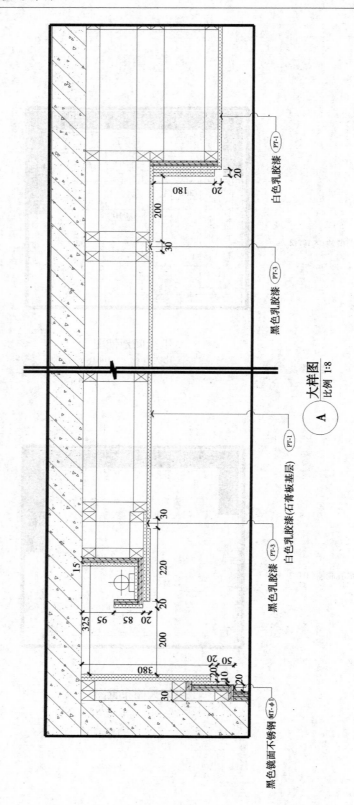

大样图 D-01

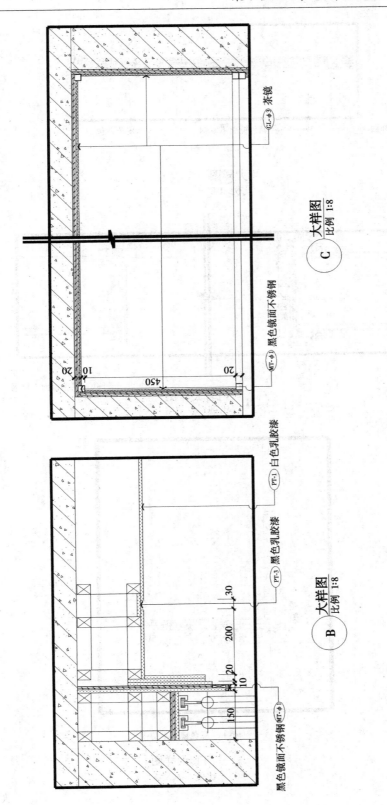

茶镜 GL-φ3

黑色镜面不锈钢 MT-φ1

20 10 20

450

大样图
比例 1:8

C

白色乳胶漆 PT-1

黑色乳胶漆 PT-3

30

200

20 10

黑色镜面不锈钢 MT-φ1

150

大样图
比例 1:8

B

黑色镜面不锈钢

大样图 D-01

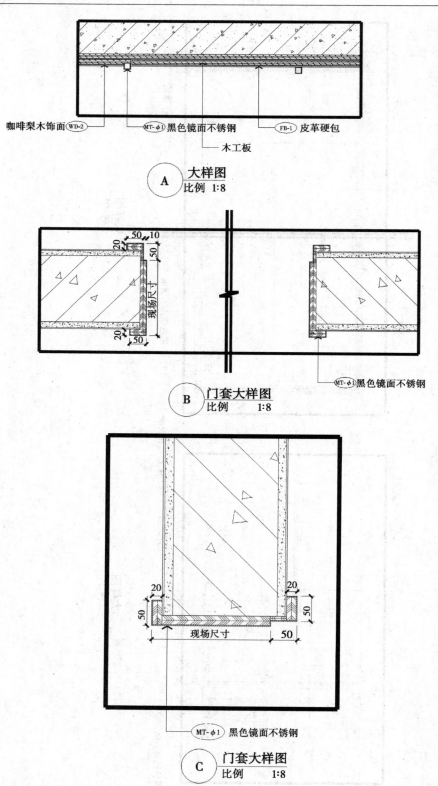

咖啡梨木饰面 WD-2   MT-φ1 黑色镜面不锈钢   FB-1 皮革硬包

木工板

A 大样图
比例 1:8

现场尺寸

MT-φ1 黑色镜面不锈钢

B 门套大样图
比例   1:8

现场尺寸

MT-φ1 黑色镜面不锈钢

C 门套大样图
比例   1:8

大样图 D-02

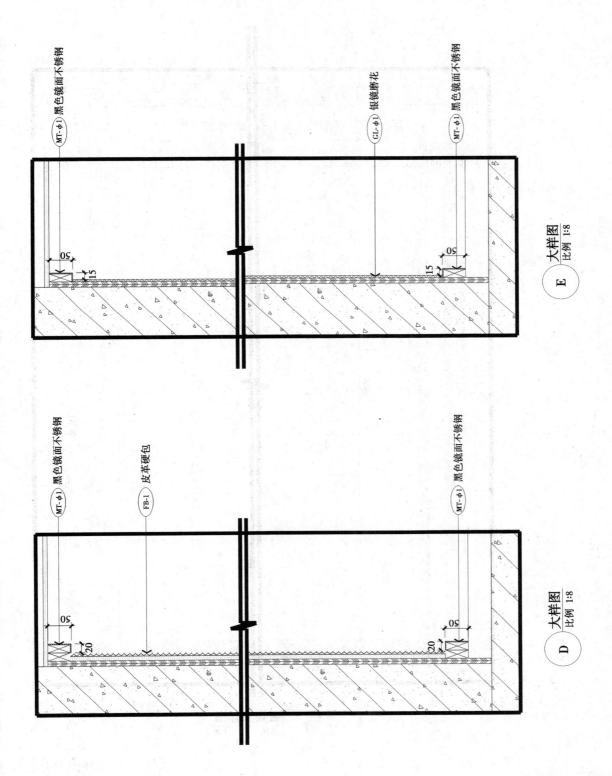

MT-φ1) 黑色镜面不锈钢

GL-φ1) 银镜磨花

MT-φ1) 黑色镜面不锈钢

E 大样图　比例 1:8

MT-φ1) 黑色镜面不锈钢

FB-1) 皮革硬包

MT-φ1) 黑色镜面不锈钢

D 大样图　比例 1:8

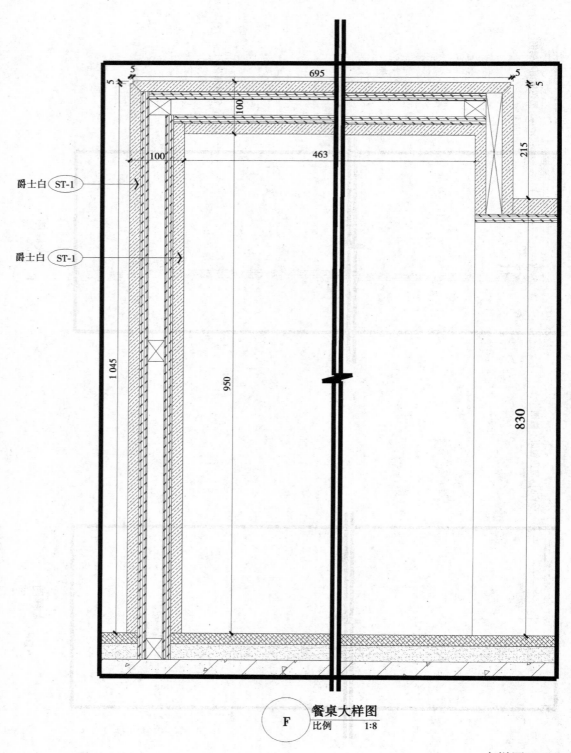

爵士白 ST-1

爵士白 ST-1

F **餐桌大样图**
比例　　　1:8

大样图 D-02

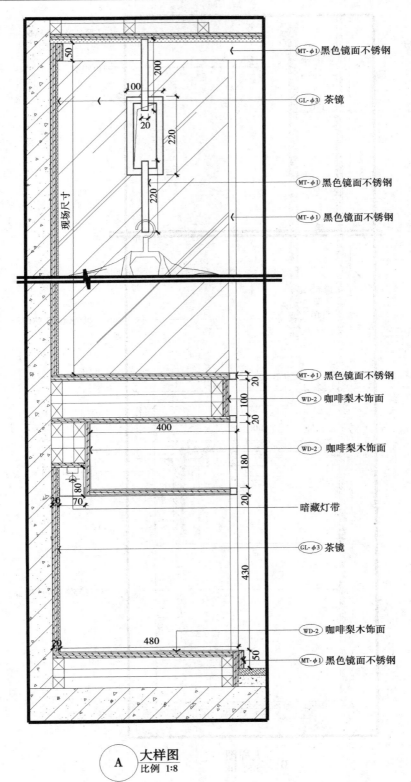

MT-φ1 黑色镜面不锈钢

GL-φ3 茶镜

MT-φ1 黑色镜面不锈钢

MT-φ1 黑色镜面不锈钢

MT-φ1 黑色镜面不锈钢

WD-2 咖啡梨木饰面

WD-2 咖啡梨木饰面

暗藏灯带

GL-φ3 茶镜

WD-2 咖啡梨木饰面

MT-φ1 黑色镜面不锈钢

现场尺寸

A 大样图
比例 1:8

大样图 D-03

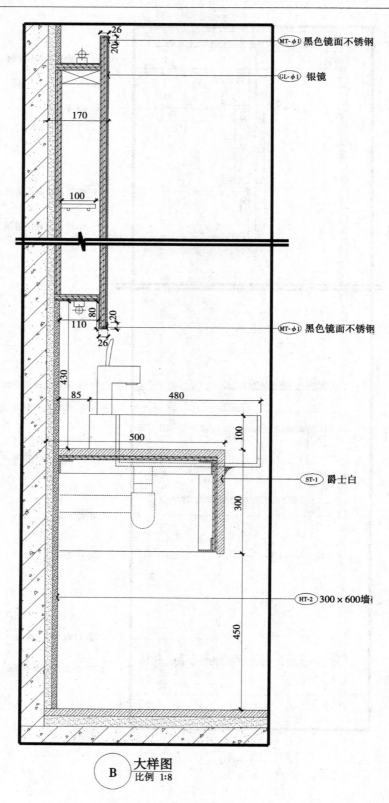

MT-φ1 黑色镜面不锈钢

GL-φ1 银镜

MT-φ1 黑色镜面不锈钢

ST-1 爵士白

HT-2 300×600墙砖

B 大样图
比例 1:8

大样图 D-03

黑色镜面不锈钢 (MT-φ1)

咖啡梨木饰面 (WD-2)

茶镜 (GL-φ3)

咖啡梨木饰面 (WD-2)

咖啡梨木饰面 (WD-2)

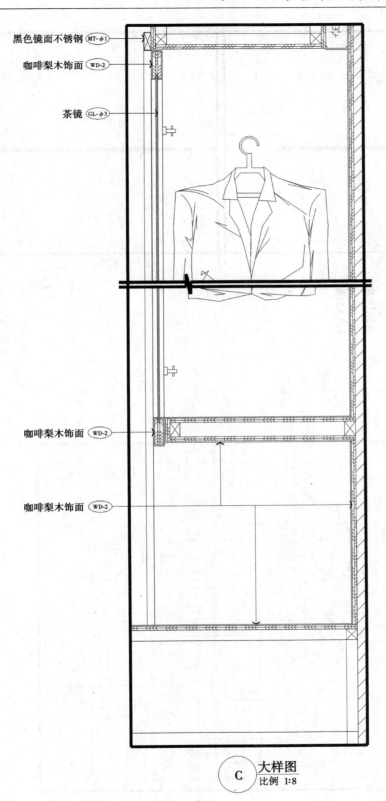

C 大样图
比例 1:8

大样图 D-03

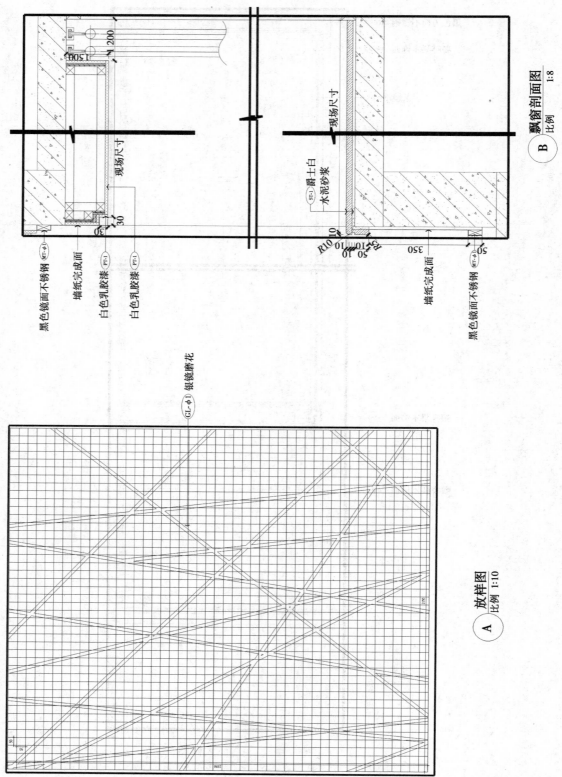

B 飘窗剖面图 比例 1:8

A 放样图 比例 1:10

黑色镜面不锈钢 MT-φ1
墙纸完成面
白色乳胶漆 PT-1
白色乳胶漆 PT-1

现场尺寸
现场尺寸

ST-1 爵士白
水泥砂浆

墙纸完成面
黑色镜面不锈钢 MT-φ1

GL-φ1 银镜雕花

大样图 D-04

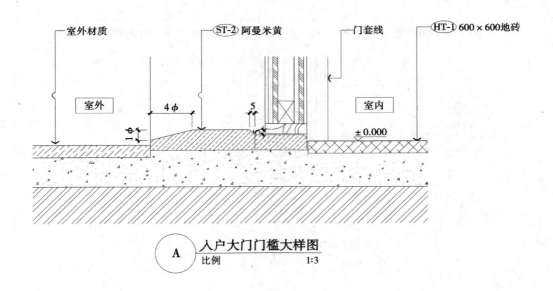

入户大门门槛大样图
A 比例 1:3

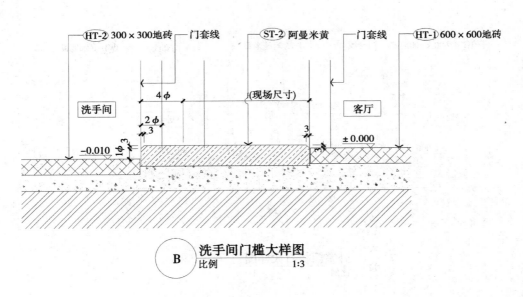

洗手间门槛大样图
B 比例 1:3

大样图 D-05

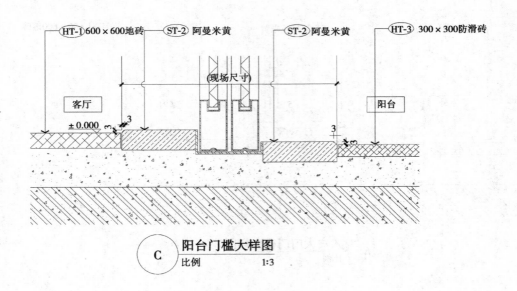

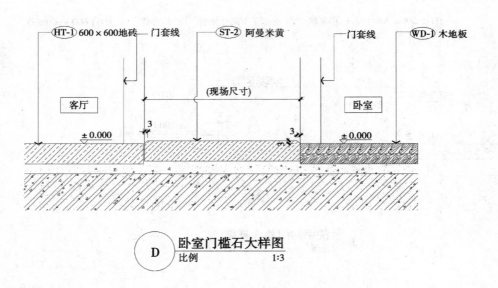

大样图 D-05

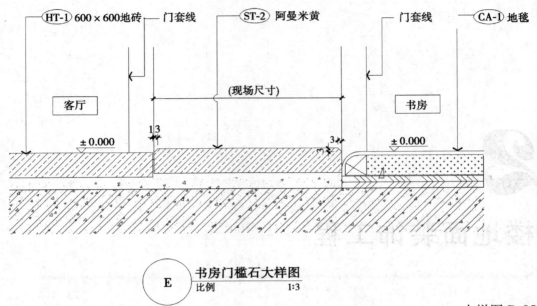

HT-1 600×600地砖 — 门套线 ST-2 阿曼米黄 门套线 CA-1 地毯

客厅

(现场尺寸)

书房

± 0.000

1 3

3

± 0.000

E 书房门槛石大样图
比例 1:3

大样图 D-05

楼地面装饰工程

2.1 楼地面装饰工程的基础知识

▶ 2.1.1 楼地面装饰工程常用的材料

楼地面装饰是装饰工程的重要内容,是日常生活中经常受到摩擦和清洗的部分。因此,在楼地面的装饰上,除了美观、舒适外,还要满足使用和功能上的需求。随着科技的发展、社会的进步、生活水平的提高,人们对装修材料选用,除了美观、舒适、满足使用和功能上的要求外,更注重节能和环保要求。按照不同的处理方式,楼地面装饰材料主要包括整体类楼地面材料(水泥砂浆、水磨石、细石混凝土、菱苦土等)、块料类楼地面材料(地砖、石材等)、木制类楼地面材料(实木地面、实木复合地面、复合地面、竹木地面等)、软质类楼地面材料(地毯、塑料、橡胶等)、其他类楼地面材料。

1)整体类楼地面常用材料

(1)水泥砂浆

由水泥、细骨料和水,以及根据需要加入的石灰、活性掺合料或外加剂在现场配成的砂浆,分为水泥砂浆和水泥混合砂浆两种。

(2)水磨石

水磨石是用水泥,加入不同色彩、不同粒径的石碴后,浇注一定厚度的水泥石子浆,经过表面补浆、细磨、打蜡等工序,制成一种具有设计图案的人造石路面和地面。按制作生产工艺分为预制水磨石(人造石材)和现浇水磨石两种。

(3)细石混凝土

细石混凝土是指粗骨料最大粒径不大于 15 mm 的混凝土,其密实性较好。

(4)菱苦土

以天然菱镁矿为原料,在 800～850 ℃下煅烧而成,是一种细粉状的气硬性胶结材料,有纯白、灰白或近淡黄色。

2)块料类楼地面常用材料

(1)地砖

①釉面砖:就是表面经过施釉处理的砖。其色彩图案丰富,表面平整光洁、防污、易清洁,表面耐腐蚀性能好,是家装地面材料的首选。

②仿古砖:强度高,具有耐磨、防水、防滑、防污、耐腐蚀的特性,一般用于阳台及一些公共交通空间。

③通体砖:又称同质砖,即表面未施釉处理的砖,正反面材质、颜色等与内部相同。瓷化程度高,吸水率小,强度大,耐磨性能好,防滑性极好,一般用于有防水要求的卫生间、厨房等。

④抛光砖:是通体砖坯体的表面经过打磨而成的一种光亮的砖。其色彩图案丰富、表面平整光洁、坚硬耐磨,但其防污性差、不防滑。

⑤玻化砖:是一种强化的抛光砖,玻化砖采用高温烧制而成。其表面平整光洁、色彩图案丰富、坚硬耐磨,防污性好,吸水率小,有一定的防滑性。不适用于厨房、卫生间、阳台等防水要求较高的区域。

⑥马赛克:建筑上用于拼成各种装饰图案用的片状小瓷砖。按材质不同,分为陶瓷马赛克、玻璃马赛克、金属马赛克、石材马赛克、木质马赛克、贝壳马赛克等。

(2)石材

石材广义的可分为天然石材和人造石材两大类。在精装修工程中主要用到花岗岩、大理石等。

①花岗岩:抗压强度高、孔隙率小、吸水率低,质地坚硬、耐磨,耐酸、耐冻、耐久,是一种高级装修材料,不适用于天花板的装修。

②大理石:大理石一般不含有辐射或辐射较低,耐久性好且色泽艳丽,色彩丰富,被广泛用于室内墙地面的装饰,具有优良的加工及装饰性能,不宜室外装饰。

③石英石:强度大、硬度高,耐酸,耐久性优于其他石材,适用于室内外的墙面、地面。

④文化石:具有环保节能、质地轻、强度高、抗融冻性好等优势,适用于建筑外墙或室内局部装饰。

3)木质类楼地面常用材料

(1)实木地板

实木地板是天然木材经烘干、加工后形成的地面装饰材料。它呈现出的天然原木纹理和色彩图案,给人以自然、柔和、富有亲和力的质感,同时由于它冬暖夏凉、触感好、对人体无害、绿色环保等特性,使其成为卧室、客厅、书房等地面装修的理想材料,但其价格高、稳定性差、难保养等特性也决定了它并未被大量广泛使用。

（2）复合地板

复合地板又称为强化地板。它是在原木粉碎后，添加胶、防腐剂、添加剂，经热压机高温高压压制处理而成。复合地板的强度高，规格统一，抗静电、抗腐蚀、耐磨、抗冲击能力强，稳定性好，不怕阳光晒、不怕暖气烘，无须上漆打蜡、易打理，使用范围广，是最适合现代家庭生活节奏的地面材料。

（3）实木复合地板

实木复合地板通常是将不同材种的实木单板或拼板依照纵横交错叠拼组坯，用环保胶粘贴，并在高温下压制成板。一定程度上克服了实木地板湿胀干缩的缺点，干缩湿胀率小，具有较好的尺寸稳定性，并保留了实木地板的自然木纹和舒适的脚感。实木复合地板兼具复合地板的稳定性与实木地板的美观性，而且具有环保优势。

（4）竹地板

竹板拼接采用黏胶剂，施以高温高压而成。它具有阻燃、耐磨、防蛀、防霉变、稳定性、光洁柔和等特性，是一种高级装潢材料，常用于宾馆、写字楼装修。但其干缩湿涨性强，不耐水火，因此保护和维护要求较高。

4）软质类楼地面常用材料

（1）地毯

地毯主要分为天然材料和人造材料。天然材料质地优良，柔软弹性好，美观高贵，但价格昂贵，且易虫蛀霉变，多用于私人空间及高档场所；人造材料质量轻，耐磨，富有弹性而脚感舒适，色彩鲜艳且价格低，多用于公共场所。

（2）塑料地板

塑料地板是用塑料材料铺设的地板。塑料地板按其使用状态可分为块材和卷材两种。与地毯相比，塑料地板使用性能较好，适应性强，耐腐蚀，行走舒适，花色品种多，装饰效果好，而且价格适中。

（3）橡胶地板

橡胶地板是天然橡胶、合成橡胶和其他成分的高分子材料所制成的地板。

5）其他类楼地面常用材料

（1）嵌条材料

嵌条材料是指用于石材或块材的分格、做图案等的嵌条，有铜嵌条、玻璃嵌条、铝合金嵌条、不锈钢嵌条等。

（2）防滑条

防滑条适合于任何由于潮湿、光滑、粘油、特别防护而需要止滑的场所和用品。主要有铜防滑条、铁防滑条及金刚砂防滑条。

（3）压线条

压线条是指地毯、橡胶板、橡胶卷材铺设的压线条。常用的有铝合金、铜、不锈钢压线条等。

▶ **2.1.2 楼地面装饰工程构造及工艺**

楼地面工程指使用各种面层材料对楼地面进行装饰的工程，是底层地面（无地下室的建筑指首层地面,有地下室的建筑指地下室的最底层)和楼层地面的总称。

1)楼地面的构成

楼地面的主要构造层次一般为基层、垫层和面层,必要时可增设填充层、隔离层、找平层、结合层等。根据不同的设计要求,其构成也不尽相同。

①基层:指楼板、夯实土基。

②垫层:指承受地面荷载并均匀传递给基层的构造层。有混凝土垫层,灰土垫层,三合土垫层,碎石、碎砖垫层,砂石级配垫层,炉渣垫层等。

③面层:直接承受各种荷载作用的表面层。一般为整体面层、块料面层、橡塑面层及其他材料面层等。

④填充层:指在建筑楼地面上起隔音、保温、找坡或敷设暗管、暗线等作用的构造层。其填充材料一般用轻质的松散或块体材料以及整体材料。

⑤隔离层:指起防水、防潮作用的构造层,其材料有卷材、防水砂浆、沥青砂浆或防水涂料等。

⑥找平层:指在垫层、楼板或填充层上起找平、找坡或加强作用的构造层,一般为水泥砂浆找平层(也有细石混凝土)。

⑦结合层:是指面层与下层相结合的中间层,一般为砂浆结合层。

楼地面的一般构造如图 2.1 和图 2.2 所示。

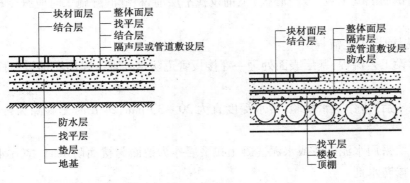

图 2.1 地面构造图　　　图 2.2 楼面构造图

2)楼地面的分类

①按构造方法和施工工艺,分为整体类楼地面、块料类楼地面、木地面及人造软制品楼地面等。

②按面层材料,分为水泥砂浆楼地面、水泥混凝土楼地面、现浇水磨石楼地面、石材楼地面、地砖楼地面、塑料地板楼地面、地毯楼地面等。

3)楼地面的施工工艺

(1)基层铺设工艺流程

基层铺设工艺流程:基层清理→隐蔽验收→土料检验→分层填筑→逐层压(夯)实→逐层取样检测。

（2）垫层铺设工艺

①碎石、碎砖垫层铺设工艺流程：石砖料准备→基层清理验收→石砖料级配检验→分层填筑→逐层压（夯）实→逐层取样检测。

施工要点：垫层铺设时每层厚度宜一次铺设，不得在夯压后再行补填或铲削；垫层应分段铺设，并用挡板留直槎，不得留斜槎。

②水泥混凝土垫层铺设工艺流程：基层清理验收→抄平放线→支模→浇筑混凝土→养护。

施工要点：大面积浇筑混凝土时，应分区块进行；每块混凝土应一次连续浇筑完成，如有间歇，应按规定留置施工缝。

（3）找平层铺设工艺流程

找平层铺设工艺流程：基层表面清理→板缝嵌缝→铺设找平层→养护。

施工要点：

①水泥砂浆体积比不宜小于1∶3，水泥混凝土强度等级不应小于C15。

②在铺设找平层前，应将基层表面清理干净。当找平层下有松散填充层时，应铺平振实。

③用水泥砂浆或水泥混凝土铺设找平层，其下一层为水泥混凝土垫层时，应予湿润；当表面光滑时，尚应划毛或凿毛。铺设时先刷一遍水泥浆，其水灰比宜为0.4～0.5，并应随刷随铺。

④在预制钢筋混凝土板（或空心板）上铺设找平层前，板缝嵌缝施工时应符合相关规范规定及要求。

（4）隔离层铺设工艺流程

隔离层铺设工艺流程：基层表面处理→穿楼板管道防水处理→隔离层铺设→检验清理。

施工要点：

①铺设完毕后，应作蓄水检验，蓄水深度宜为20～30 mm，24 h内无渗漏为合格，并应作记录。

②当隔离层采用水泥砂浆或水泥混凝土找平层作为地面与楼面防水时，应在水泥砂浆或水泥混凝土中掺防水剂。

③在沥青类隔离层上铺设水泥类面层或结合层前，其表面应洁净、干燥，并应涂刷同类的沥青胶结料，其厚度宜为1.5～2.0 mm。

（5）填充层铺设工艺流程

填充层铺设工艺流程：基层表面处理→填充层铺设→检验清理。

（6）面层铺设工艺流程

①水泥混凝土面层铺设工艺流程：基层清理→贴灰饼→混凝土配制→混凝土摊铺→混凝土抹压→养护。

②水泥砂浆面层铺设工艺流程：基层清理→冲筋贴灰饼→水泥砂浆配制→水泥砂浆摊铺→水泥砂浆抹压→养护。

施工要点：一般采用强度等级不小于32.5级的硅酸盐水泥、普通硅酸盐水泥或矿渣硅酸盐水泥；门框、板上平面预埋件、各种管道及地漏等已安装完毕，立管和套管穿过面层孔洞已用细石混凝土灌注密实,并经检查合格;灰饼用相同配合比水泥砂浆制作,间距为 1.5 m,有地漏时做 0.5% ~1% 的坡度坡向地漏;铺设面层前,应先刷素水泥浆一道,随刷随铺砂浆,面层厚度应按设计要求且不应小于 20 mm。

水泥砂浆地面面层如图 2.3 和图 2.4 所示。

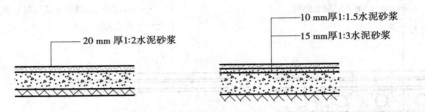

图 2.3　水泥砂浆单层地面面层　　图 2.4　水泥砂浆双层地面面层

③现浇水磨石面层铺设工艺流程:基层清理→弹分格线→镶嵌分格条→涂刷素浆结合层→配制石粒浆→铺抹石粒浆→滚压抹平→养护→试磨→表面磨光→酸洗→打蜡抛光。

现浇水磨石楼地面构造如图 2.5 所示。

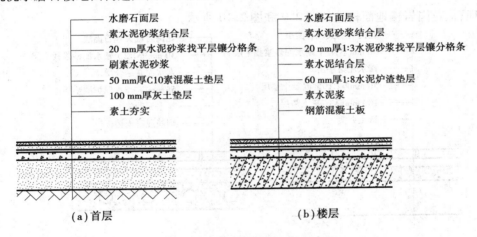

(a)首层　　　　　　　　　　(b)楼层

图 2.5　现浇水磨石楼地面构造示例

水磨石镶嵌分隔条如图 2.6 所示。

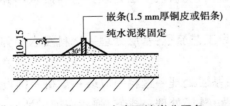

图 2.6　水磨石镶嵌分隔条

④地砖面层铺设工艺流程:基层处理→选砖→铺底灰→弹线找方→铺砖→养护。

施工要点:提前 1 d 将基层浇水湿润;砖应按颜色和花纹分类堆放备用,砖应在使用前 1 d 浸泡、晾干待用;先在基层上做灰饼或冲筋,然后在基层面均匀洒水湿润,并刷一道水灰比为 0.4 ~0.5 素水泥浆,一次面积不宜过大,必须随刷随铺找平层;弹线从室内中心线向两边进行,尽量符合砖模数,当尺寸不合整块砖的倍数时,可将半块砖用于边角处。

地砖楼地面构造如图2.7和图2.8所示。

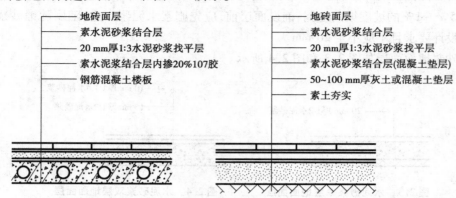

地砖面层	地砖面层
素水泥砂浆结合层	素水泥砂浆结合层
20 mm厚1:3水泥砂浆找平层	20 mm厚1:3水泥砂浆找平层
素水泥浆结合层内掺20%107胶	素水泥砂浆结合层(混凝土垫层)
钢筋混凝土楼板	50~100 mm厚灰土或混凝土垫层
	素土夯实

图2.7　地砖地面构造示例　　　图2.8　地砖楼面构造示例

⑤大理石和花岗岩面层铺设工艺流程:基层处理→选料试拼→弹线找方→铺设石板→灌浆擦缝。

大理石、花岗岩楼地面构造如图2.9和图2.10所示。

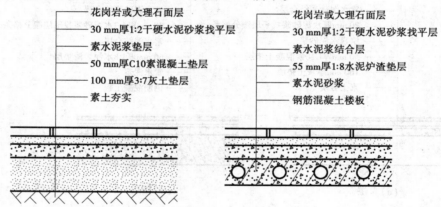

图2.9　大理石或花岗岩地面构造　　　图2.10　大理石或花岗岩楼面构造

⑥预制水磨石板块面层铺设工艺流程:基层处理→选料浸水→弹线找方→铺设预制水磨石板块→打蜡上光。

⑦预制混凝土板块面层铺设工艺流程:基层处理→选料浸水→弹线找方→铺设预制水磨石板块→打蜡上光。

⑧料石面层铺设工艺流程:基层处理→选料→放线→试拼→铺设料石→灌缝。

⑨木地板面层铺设工艺流程:基层处理→找方、弹线→铺设地板→面层修饰。

木地板构造如图2.11所示。

⑩地毯铺设工艺流程:基层清理→弹线→地毯裁剪→铺设地毯→修整清洁。

⑪塑料地板面层铺设工艺流程:基层处理→弹线、预拼→胶黏剂配制→铺贴塑料地板→上光。

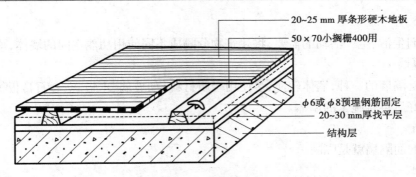

图 2.11 木地板构造示例

4)楼地面的相关名词解释

（1）牵边

室外踏步（台阶）两端有时设计为花池，有时设计为砖砌的矮挡墙，即称之为牵边，如图 2.12 所示。

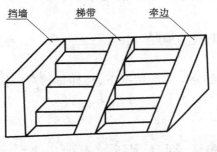

图 2.12 牵边

（2）波打线

波打线又称波导线，也称为花边或边线等，主要用在地面周边或者过道玄关等地方。一般为块料楼地面沿墙边四周所做的装饰线，宽度不等，如图 2.13 所示。

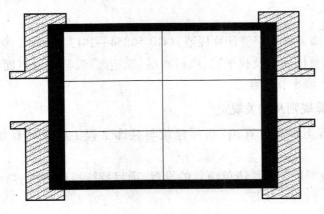

图 2.13 波打线

（3）隔墙

根据人们生活、生产活动的需要,将建筑物分隔成不同使用功能空间的墙体,均称隔墙。

（4）间隔墙

间隔墙是隔墙的一种,墙体较薄,多使用轻质材料(如玻璃、木板、空心石膏板等)构成,在地面面层作好后再行施工的墙体。

（5）隔断

不封顶的间隔墙就是隔断。

（6）空圈

空圈是指未装门的洞口,也称垭口,可以由此进出房间。空圈的设置常见于客厅与过道之间、阳台与客厅(或卧室)之间。

（7）门洞

门洞是指建筑物里预留的用来装门窗的洞口。

（8）壁龛

壁龛是安装在墙壁内的小格子,一般深度要求小于墙厚。

（9）墙垛

墙中凸出墙面的柱状结构称为墙垛。

（10）弯头

弯头是指扶手上弯曲的部分。一般情况下,楼梯每转弯一次就存在两个弯头,最上层为一个弯头。

2.2　楼地面装饰工程工程量计算

▶　2.2.1　2013 清单计算规则及相关规定

1）概况

《房屋建筑与装饰工程工程量计算规范》(GB 50854—2013)附录 L 楼地面装饰工程共列 8 节 43 个项目,包括整体面层及找平层、块料面层、橡塑面层、其他材料面层、踢脚线、楼梯面层、台阶装饰、零星装饰 8 节内容。

2）2013 清单计算规则及相关规定

楼地面装饰工程工程量计算按《房屋建筑与装饰工程工程量计算规范》(GB 50854—2013)执行。

①整体面层及找平层工程量清单项目的设置、项目特征描述的内容、计量单位及工程量计算规则应按表 L.1 的规定执行。

表 L.1 整体面层及找平层（编码：011101）

项目编码	项目名称	项目特征	计量单位	工程量计算规则	工作内容
011101001	水泥砂浆楼地面	1. 找平层厚度、砂浆配合比 2. 素水泥浆遍数 3. 面层厚度、砂浆配合比 4. 面层做法要求			1. 基层清理 2. 抹找平层 3. 抹面层 4. 材料运输
011101002	现浇水磨石楼地面	1. 找平层厚度、砂浆配合比 2. 面层厚度、水泥石子浆配合比 3. 嵌条材料种类、规格 4. 石子种类、规格、颜色 5. 颜料种类、颜色 6. 图案要求 7. 磨光、酸洗、打蜡要求		按设计图示尺寸以面积计算。扣除凸出地面构筑物、设备基础、室内铁道、地沟等所占面积，不扣除间壁墙及≤0.3 m² 柱、垛、附墙烟囱及孔洞所占面积。门洞、空圈、暖气包槽、壁龛的开口部分不增加面积	1. 基层清理 2. 抹找平层 3. 面层铺设 4. 嵌缝条安装 5. 磨光、酸洗、打蜡 6. 材料运输
011101003	细石混凝土楼地面	1. 找平层厚度、砂浆配合比 2. 面层厚度、混凝土强度等级	m²		1. 基层清理 2. 抹找平层 3. 面层铺设 4. 材料运输
011101004	菱苦土楼地面	1. 找平层厚度、砂浆配合比 2. 面层厚度 3. 打蜡要求			1. 基层清理 2. 抹找平层 3. 面层铺设 4. 打蜡 5. 材料运输
011101005	自流平楼地面	1. 找平层砂浆配合比、厚度 2. 界面剂材料种类 3. 中层漆材料种类、厚度 4. 面漆材料种类、厚度 5. 面层材料种类			1. 基层处理 2. 抹找平层 3. 涂界面剂 4. 涂刷中层漆 5. 打磨、吸尘 6. 镘自流平面漆(浆) 7. 拌和自流平浆料 8. 铺面层
011101006	平面砂浆找平层	找平层厚度、砂浆配合比		按设计图示尺寸以面积计算	1. 基层清理 2. 抹找平层 3. 材料运输

注：①水泥砂浆面层处理是拉毛还是提浆压光应在面层做法要求中描述。

②平面砂浆找平层只适用于仅做找平层的平面抹灰。

③间壁墙指墙厚≤120 mm 的墙。

④楼地面混凝土垫层另按附录 E.1 垫层项目编码列项，除混凝土外的其他材料垫层按计量规范表 D.4 垫层项目编码列项。

②块料面层工程量清单项目的设置、项目特征描述的内容、计量单位及工程量计算规则应按表 L.2 的规定执行。

表 L.2　块料面层（编码:011102）

项目编码	项目名称	项目特征	计量单位	工程量计算规则	工作内容
011102001	石材楼地面	1. 找平层厚度、砂浆配合比 2. 结合层厚度、砂浆配合比 3. 面层材料品种、规格、颜色 4. 嵌缝材料种类 5. 防护层材料种类 6. 酸洗、打蜡要求	m²	按设计图示尺寸以面积计算。门洞、空圈、暖气包槽、壁龛的开口部分并入相应的工程量内	1. 基层清理 2. 抹找平层 3. 面层铺设、磨边 4. 嵌缝 5. 刷防护材料 6. 酸洗、打蜡 7. 材料运输
011102002	碎石材楼地面				
011102003	块料楼地面				

注:①在描述碎石材项目的面层材料特征时可不用描述规格、颜色。
　　②石材、块料与黏结材料的结合面刷防渗材料的种类在防护层材料种类中描述。
　　③本表工作内容中的磨边指施工现场磨边,后面章节工作内容中涉及的磨边含义同。

③橡塑面层工程量清单项目的设置、项目特征描述的内容、计量单位及工程量计算规则应按表 L.3 的规定执行。

表 L.3　橡塑面层（编码:011103）

项目编码	项目名称	项目特征	计量单位	工程量计算规则	工作内容
011103001	橡胶板楼地面	1. 黏结层厚度、材料种类 2. 面层材料品种、规格、颜色 3. 压线条种类	m²	按设计图示尺寸以面积计算。门洞、空圈、暖气包槽、壁龛的开口部分并入相应的工程量内	1. 基层清理 2. 面层铺贴 3. 压缝条装钉 4. 材料运输
011103002	橡胶板卷材楼地面				
011103003	塑料板楼地面				
011103004	塑料卷材楼地面				

注:本表项目中如涉及找平层,另按本附录表 L.1 找平层项目编码列项。

④其他材料面层工程量清单项目的设置、项目特征描述的内容、计量单位及工程量计算规则应按表 L.4 的规定执行。

表 L.4 其他材料面层(编码:011104)

项目编码	项目名称	项目特征	计量单位	工程量计算规则	工作内容
011104001	地毯楼地面	1. 面层材料品种、规格、颜色 2. 防护材料种类 3. 黏结材料种类 4. 压线条种类	m²	按设计图示尺寸以面积计算。门洞、空圈、暖气包槽、壁龛的开口部分并入相应的工程量内	1. 基层清理 2. 铺贴面层 3. 刷防护材料 4. 装钉压条 5. 材料运输
011104002	竹、木(复合)地板	1. 龙骨材料种类、规格、铺设间距 2. 基层材料种类、规格 3. 面层材料品种、规格、颜色 4. 防护材料种类			1. 基层清理 2. 龙骨铺设 3. 基层铺设 4. 面层铺贴 5. 刷防护材料 6. 材料运输
011104003	金属复合地板				
011104004	防静电活动地板	1. 支架高度、材料种类 2. 面层材料品种、规格、颜色 3. 防护材料种类			1. 基层清理 2. 固定支架安装 3. 活动面层安装 4. 刷防护材料 5. 材料运输

⑤踢脚线工程量清单项目的设置、项目特征描述的内容、计量单位及工程量计算规则应按表 L.5 的规定执行。

表 L.5 踢脚线(编码:011105)

项目编码	项目名称	项目特征	计量单位	工程量计算规则	工作内容
011105001	水泥砂浆踢脚线	1. 踢脚线高度 2. 底层厚度、砂浆配合比 3. 面层厚度、砂浆配合比	1. m² 2. m	1. 以 m² 计算,按设计图示长度乘高度以面积计算 2. 以 m 计算,按延长米计算	1. 基层清理 2. 底层和面层抹灰 3. 材料运输
011105002	石材踢脚线	1. 踢脚线高度 2. 黏贴层厚度、材料种类 3. 面层材料品种、规格、颜色 4. 防护材料种类			1. 基层清理 2. 底层抹灰 3. 面层铺贴、磨边 4. 擦缝 5. 磨光、酸洗、打蜡 6. 刷防护材料 7. 材料运输
011105003	块料踢脚线				

续表

项目编码	项目名称	项目特征	计量单位	工程量计算规则	工作内容
011105004	塑料板踢脚线	1. 踢脚线高度 2. 黏结层厚度、材料种类 3. 面层材料种类、规格、颜色	1. m² 2. m	1. 以 m² 计算，按设计图示长度乘高度以面积计算 2. 以 m 计算，按延长米计算	1. 基层清理 2. 基层铺贴 3. 面层铺贴 4. 材料运输
011105005	木质踢脚线	1. 踢脚线高度 2. 基层材料种类、规格 3. 面层材料品种、规格、颜色			
011105006	金属踢脚线				
011105007	防静电踢脚线				

注：石材、块料与黏结材料的结合面刷防渗材料的种类在防护材料种类中描述。

⑥楼梯面层工程量清单项目的设置、项目特征描述的内容、计量单位及工程量计算规则应按表 L.6 的规定执行。

表 L.6　楼梯面层（编码:011106）

项目编码	项目名称	项目特征	计量单位	工程量计算规则	工作内容
011106001	石材楼梯面层	1. 找平层厚度、砂浆配合比 2. 黏结层厚度、材料种类 3. 面层材料品种、规格、颜色 4. 防滑条材料种类、规格 5. 勾缝材料种类 6. 防护材料种类 7. 酸洗、打蜡要求	m²	按设计图示尺寸以楼梯（包括踏步、休息平台及≤500 mm 的楼梯井）水平投影面积计算。楼梯与楼地面相连时，算至梯口梁内侧边沿；无梯口梁者，算至最上一层踏步边沿加300 mm	1. 基层清理 2. 抹找平层 3. 面层铺贴、磨边 4. 贴嵌防滑条 5. 勾缝 6. 刷防护材料 7. 酸洗、打蜡 8. 材料运输
011106002	块料楼梯面层				
011106003	拼碎块料面层				
011106004	水泥砂浆楼梯面层	1. 找平层厚度、砂浆配合比 2. 面层厚度、砂浆配合比 3. 防滑条材料种类、规格	m²	按设计图示尺寸以楼梯（包括踏步、休息平台及≤500 mm 的楼梯井）水平投影面积计算。楼梯与楼地面相连时，算至梯口梁内侧边沿；无梯口梁者，算至最上一层踏步边沿加300 mm	1. 基层清理 2. 抹找平层 3. 抹面层 4. 抹防滑条 5. 材料运输

项目编码	项目名称	项目特征	计量单位	工程量计算规则	工作内容
011106005	现浇水磨石楼梯面层	1. 找平层厚度、砂浆配合比 2. 面层厚度、水泥石子浆配合比 3. 防滑条材料种类、规格 4. 石子种类、规格、颜色 5. 颜料种类、颜色 6. 磨光、酸洗打蜡要求	m²	按设计图示尺寸以楼梯(包括踏步、休息平台及≤500 mm的楼梯井)水平投影面积计算。楼梯与楼地面相连时,算至梯口梁内侧边沿;无梯口梁者,算至最上一层踏步边沿加300 mm	1. 基层清理 2. 抹找平层 3. 抹面层 4. 贴嵌防滑条 5. 磨光、酸洗、打蜡 6. 材料运输
011106006	地毯楼梯面层	1. 基层种类 2. 面层材料品种、规格、颜色 3. 防护材料种类 4. 黏结材料种类 5. 固定配件材料种类、规格			1. 基层清理 2. 铺贴面层 3. 固定配件安装 4. 刷防护材料 5. 材料运输
011106007	木板楼梯面层	1. 基层材料种类、规格 2. 面层材料品种、规格、颜色 3. 黏结材料种类 4. 防护材料种类			1. 基层清理 2. 基层铺贴 3. 面层铺贴 4. 刷防护材料 5. 材料运输
011106008	橡胶板楼梯面层	1. 黏结层厚度、材料种类 2. 面层材料品种、规格、颜色 3. 压线条种类			1. 基层清理 2. 面层铺贴 3. 压缝条装钉 4. 材料运输
011106009	塑料板楼梯面层				

注:①在描述碎石材项目的面层材料特征时可不用描述规格、颜色。

②石材、块料与黏结材料的结合面刷防渗材料的种类在防护材料种类中描述。

⑦台阶装饰工程量清单项目的设置、项目特征描述的内容、计量单位及工程量计算规则应按表L.7的规定执行。

表 L.7　台阶装饰(编码:011107)

项目编码	项目名称	项目特征	计量单位	工程量计算规则	工作内容
011107001	石材台阶面	1. 找平层厚度、砂浆配合比 2. 黏结材料种类 3. 面层材料品种、规格、颜色 4. 勾缝材料种类 5. 防滑条材料种类、规格 6. 防护材料种类	m²	按设计图示尺寸以台阶(包括最上层踏步边沿加300 mm)水平投影面积计算	1. 基层清理 2. 抹找平层 3. 面层铺贴 4. 贴嵌防滑条 5. 勾缝 6. 刷防护材料 7. 材料运输
011107002	块料台阶面				
011107003	拼碎块料台阶面				
011107004	水泥砂浆台阶面	1. 找平层厚度、砂浆配合比 2. 面层厚度、砂浆配合比 3. 防滑条材料种类			1. 基层清理 2. 抹找平层 3. 抹面层 4. 抹防滑条 5. 材料运输
011107005	现浇水磨石台阶面	1. 找平层厚度、砂浆配合比 2. 面层厚度、水泥石子浆配合比 3. 防滑条材料种类、规格 4. 石子种类、规格、颜色 5. 颜料种类、颜色 6. 磨光、酸洗、打蜡要求			1. 基层清理 2. 抹找平层 3. 抹面层 4. 贴嵌防滑条 5. 打磨、酸洗、打蜡 6. 材料运输
011107006	剁假石台阶面	1. 找平层厚度、砂浆配合比 2. 面层厚度、砂浆配合比 3. 剁假石要求			1. 基层清理 2. 抹找平层 3. 抹面层 4. 剁假石 5. 材料运输

注:①在描述碎石材项目的面层材料特征时可不用描述规格、颜色。

②石材、块料与黏结材料的结合面刷防渗材料的种类在防护材料种类中描述。

⑧零星装饰项目工程量清单项目的设置、项目特征描述的内容、计量单位及工程量计算规则应按表 L.8 的规定执行。

表 L.8　零星装饰项目(编码:011108)

项目编码	项目名称	项目特征	计量单位	工程量计算规则	工作内容
011108001	石材零星项目	1.工程部位 2.找平层厚度、砂浆配合比 3.贴结合层厚度、材料种类 4.面层材料品种、规格、颜色 5.勾缝材料种类 6.防护材料种类 7.酸洗、打蜡要求	m²	按设计图示尺寸以面积计算	1.基层清理 2.抹找平层 3.面层铺贴、磨边 4.勾缝 5.刷防护材料 6.酸洗、打蜡 7.材料运输
011108002	拼碎石材零星项目				
011108003	块料零星项目				
011108004	水泥砂浆零星项目	1.工程部位 2.找平层厚度、砂浆配合比 3.面层材料品种、规格、颜色			1.基层清理 2.抹找平层 3.抹面层 4.材料运输

注:①楼梯、台阶牵边和侧面镶贴块料面层,不大于 0.5 m² 的少量分散的楼地面镶贴块料面层,应按本表执行。
②石材、块料与黏结材料的结合面刷防渗材料的种类在防护材料种类中描述。

▶ 2.2.2　重庆2008定额计算规则及相关规定

楼地面装饰工程工程量计算按《重庆市装饰工程计价定额》(CQZSDE—2008)的规定执行。

1)概况

《重庆市装饰工程计价定额》(CQZSDE—2008)第一章楼地面工程共列 13 节 158 个子目,包括找平层、装饰石材、地面砖、玻璃地面、马赛克、水泥花砖及广场砖、分格嵌条及防滑条、塑料板及橡胶板、地毯及附件、竹地板及木地板、防静电地板、金属饰面板地面、栏杆栏板扶手。

2)说明

①同一铺贴面上有不同种类、材质的材料,应分别按本章楼地面工程相应项目执行。
②找平层水泥砂浆、混凝土设计配合比和厚度与定额不同时,允许调整。
③块料面层中单、多色已综合编制,颜色不同时,不作调整。
④块料面层现场拼花是按现场局部切割并分色镶贴成直线、折线图案。现场局部切割并分色镶贴成弧线时,按"楼地面拼花"人工乘以系数 1.5;现场拼花部分的块料用量按实调整。
⑤弧形楼梯楼地面装饰按相应楼梯项目人工、机械乘以系数 1.20,块料用量按实调整。
⑥螺旋形楼梯楼地面装饰按相应楼梯项目人工、机械乘以系数 1.30,块料用量按实调整。
⑦镶拼面积小于 0.015 m² 的石材执行点缀定额。
⑧零星项目面层适用于楼梯侧面、楼梯踢脚线中的三角形块料、台阶的牵边、小便池、蹲

台、池槽,以及面积在 1 m² 以内的零星项目。

⑨玻璃地面的钢龙骨、玻璃龙骨设计用量与定额子目不同时,允许调整,其余不变。

⑩地毯分色、对花、镶边时,人工乘以系数 1.10,地毯损耗按实调整,其余不变。

⑪踢脚线按 150 mm 编制,设计高度与定额不同时,未计价材料允许调整,其余不变。

⑫踢脚线为弧形时,人工乘以系数 1.15,其余不变。

⑬栏杆、栏板、扶手项目中如设计规格型号和用量与定额子目不同时,未计价材料允许调整,其余不变。

⑭成品金属栏杆包括铁花栏杆、不锈钢栏杆等。

3)计算规则

①找平层按主墙间净空面积以 m² 计算,应扣除凸出地面的构筑物、设备基础、地沟,单个面积在 0.3 m² 以上的柱、垛、附墙烟囱、孔洞所占面积,而门洞、空圈、壁龛的开口部分的面积亦不增加。

②楼地面装饰面积按设计图示尺寸计算,不扣除单个面积在 0.3 m² 以内孔洞所占面积。拼花部分按实贴面积计算。

③楼梯面积(包括踏步及最上层踏步边沿加 300 mm,休息平台,以及小于 200 mm 宽的楼梯井)按水平投影面积计算。

④台阶面层(包括踏步及最上一层踏步边沿加 300 mm)按水平投影面积计算。

⑤点缀按个计算,计算主体铺贴地面时,不扣除点缀所占面积。

⑥踢脚线按设计长度以延长米计算。楼梯踢脚线按相应定额子目乘以系数 1.15。

⑦零星项目按实铺面积计算。

⑧木踢脚线不包括压线条,如设计要求时,按相应定额子目执行。

⑨防滑条无设计规定长度时,其长度按楼梯踏步两端距离减 300 mm 以延长米计算。

⑩栏杆、栏板、扶手均按其扶手中心线长度以延长米计算,计算扶手时不扣除弯头所占长度。

⑪弯头按个计算。

⑫石材底面刷养护液按相应石材面层的工程量计算规则计算。

2.3 楼地面装饰工程案例分析

▶ 2.3.1 典型案例分析

【例 2.1】 如图 2.14 所示某建筑平面图,地面构造做法为:20 mm 厚 1∶2.5 水泥砂浆抹面压实抹光(面层);50 mm 厚 C15 细石商品混凝土找平层;150 mm 厚天然级配砂石垫层。Z1 的截面尺寸为 300 mm×300 mm,Z2 的截面尺寸为 600 mm×600 mm,构筑物的尺寸为 1 200 mm×800 mm,门窗尺寸详见门窗表。试计算水泥砂浆地面工程清单及定额工程量。(注:图示尺寸均为墙中心线尺寸)

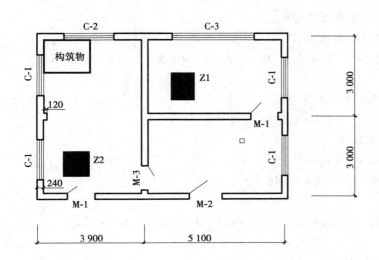

门窗表	
M-1	1 000 mm × 2 000 mm
M-2	1 200 mm × 2 000 mm
M-3	900 mm × 2 400 mm
C-1	1 500 mm × 1 500 mm
C-2	1 800 mm × 1 500 mm
C-3	3 000 mm × 1 500 mm

图 2.14　某建筑平面图

【解】　(1)列出清单项,计算清单工程量。

●011101001001,水泥砂浆楼地面

$S = [(3.9 - 0.24) \times (3 + 3 - 0.24) + (5.1 - 0.24) \times (3 - 0.24) \times 2] - 1.2 \times 0.8 - 0.6 \times 0.6 = 46.59$（$m^2$）

●010404001001,150 mm 厚天然级配砂石垫层

$V = S \times 0.15 = 6.99$（m^3）

(2)列出定额项,计算定额工程量。

●AI0021,1:2.5 水泥砂浆楼地面整体面层

同水泥砂浆楼地面清单面层工程量 = 46.59 m^2

●BA0005、BA0007,找平层

同水泥砂浆楼地面清单工程量 = 46.59 m^2

●AI0003,天然级配砂石垫层

同垫层清单工程量 = 6.99 m^3

【例2.2】　某工程住宅平面图如图 2.15 所示,空心砖墙厚200 mm,房间为轴线尺寸。采用 600 mm × 600 mm 玻化砖地面,20 mm 厚1:2水泥砂浆找平层,10 mm 厚1:3水泥砂浆结合层,100 mm厚矿渣混凝土垫层,墙垛凸出墙面为 240 mm × 200 mm,附墙烟囱尺寸为1 000 mm × 500 mm,孔洞尺寸为1 000 mm × 300 mm,柱截面尺寸为 500 mm × 500 mm,门洞宽1 200 mm。试计算玻化砖地面工程清单及定额工程量。

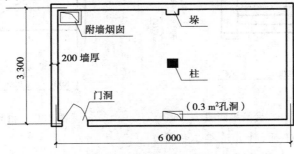

图 2.15　某住宅平面图

【解】　(1)列出清单项,计算清单工程量。

●011102003001,块料(玻化砖)楼地面

$$S = (3.3 - 0.2) \times (6 - 0.2) + 1.2 \times 0.2 - 0.5 \times 0.5 - 1 \times 0.5 - 1 \times 0.3 - 0.24 \times 0.2$$
$$= 17.122 \; (\text{m}^2)$$

●010404001001,100 mm 厚矿渣混凝土垫层

$$V = \left[(3.3 - 0.2) \times (6 - 0.2) \right] \times 0.1 = 1.798 (\text{m}^3)$$

(2)列出定额项,计算定额工程量

●BA0001,20 mm 厚1:2水泥砂浆找平层

$$S = (3.3 - 0.2) \times (6 - 0.2) - 1 \times 0.5 = 17.48 \; (\text{m}^2)$$

●BA0037,玻化砖面层

$$S = (3.3 - 0.2) \times (6 - 0.2) + 1.2 \times 0.2 - 0.5 \times 0.5 - 1 \times 0.5 - 0.24 \times 0.2$$
$$= 17.422 \; (\text{m}^2)$$

●AI0012,矿渣混凝土垫层

同清单垫层工程量 = 1.798 m³

【例2.3】　如【例2.1】图2.14某建筑平面图,墙体厚度为240 mm,室内贴150 mm 高木踢脚线,其做法为:基层为木夹板钉在木龙骨上,面层为红花榉木饰面板贴在木夹板上。试分别计算木踢脚板面层清单及定额工程量。

【解】　(1)列出清单项,计算清单工程量。

●011105005001,木质踢脚线

按长度计算清单工程量 = $(3.9 - 0.24 + 3 \times 2 - 0.24) \times 2 + (5.1 - 0.24 + 3 - 0.24) \times 2 \times 2 - (0.9 + 1) \times 2 - (1.2 + 1) + 0.24 \times 8 + 0.12 \times 2 = 9.42 \times 2 + 7.62 \times 4 - 1.9 \times 2 - 2.2 + 1.92 + 0.24 = 45.48 (\text{m})$

按面积计算清单工程量 = $45.48 \times 0.15 = 6.82 (\text{m}^2)$

(2)列出定额项,计算定额工程量。

●BA0095,红花榉木饰面板面层

定额工程量 = 清单工程量 = 45.48 m

【例2.4】　某学院办公楼入口处台阶平面图如图2.16、立面图如图2.17 所示,水泥砂浆贴花岗岩面层,台阶牵边的材料相同,试计算其台阶装饰清单及定额工程量。

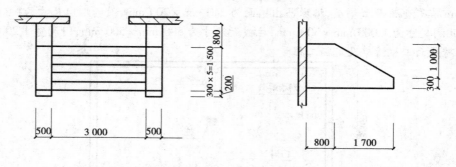

图2.16　台阶平面图　　　　　　　图2.17　台阶立面图

【解】　(1)列出清单项,计算清单工程量。

●011107001001,石材台阶面

清单工程量 $=3×(1.5+0.3)=5.4（m^2）$

● 011108001001,石材零星项目(花岗岩牵边)

清单工程量 $=(0.3+\sqrt{1.7^2+1^2}+0.8)×0.5×2=3.07（m^2）$

(2)列出定额项,计算定额工程量。

● BA0020,装饰石材台阶面

定额工程量 $=$ 清单工程量 $=5.4 \ m^2$

● BA0023,装饰石材零星项目(花岗岩台阶牵边)

定额工程量 $=$ 清单工程量 $=3.07 \ m^2$

▶ **2.3.2　综合案例分析**

按某小区 B-1 户型样板间室内装修图计算。

1)地面 HT-1 600 mm×600 mm 地砖铺贴

(1)清单工程量

客厅、餐厅及厨房 $=(7.9-0.2)×(3.9-0.2)+1.6×(2.9-0.2)+(1.15-0.05-$
$0.5-0.2)×(2.1-0.2-1.6)-0.5×(1.8+0.2×2)+(0.8+0.05×4)×(1.03+0.8+$
$0.05×3)-0.55×0.5=33.54（m^2）$

(2)定额工程量

客厅、餐厅及厨房 $=(7.9-0.2)×(3.9-0.2)+1.6×(2.9-0.2)+(1.15-0.05-$
$0.5-0.2)×(2.1-0.2-1.6)-0.5×(1.8+0.2×2)+(0.8+0.05×4)×(1.03+0.8+$
$0.05×3)=33.81（m^2）$

2)地面 HT-2 300 mm×300 mm 防滑砖铺贴

(1)清单工程量

卫生间 $=1.78×1.9-0.1×0.5=3.33（m^2）$

(2)定额工程量

卫生间 $=$ 清单工程量 $=3.33 \ m^2$

3)地面 HT-3 300 mm×300 mm 防滑砖铺贴

(1)清单工程量

景观阳台 $=3.9×(1.55-0.05-0.1)=5.46（m^2）$

生活阳台 $=(1.35-0.1)×(2.1-0.1×2)=2.38（m^2）$

(2)定额工程量

景观阳台 $=$ 清单工程量 $=5.46 \ m^2$

生活阳台 $=$ 清单工程量 $=2.38 \ m^2$

4)K11 涂膜地面防水

(1)清单工程量

卫生间地面防水 $=3.33 \ m^2$

景观阳台地面防水 $=5.46 \ m^2$

生活阳台地面防水 $=2.38 \ m^2$

（2）定额工程量

卫生间平面防水 $=3.33+\left[(1.78+1.9)\times2-(0.72+0.05\times2)\right]\times0.5=6.6$（$m^2$）

景观阳台平面防水 $=5.46+(3.9-2.4-0.05\times2)\times0.5=6.16$（$m^2$）

生活阳台平面防水 $=2.38+\left[(1.35-0.1)\times2+(2.1-0.1\times2)\right]\times0.5-(0.7+0.05\times2)\times0.5=4.18$（$m^2$）

5）K11 涂膜墙面防水

（1）清单工程量

卫生间墙面防水 $=\left[(1.78+1.9)\times2-(0.72+0.05\times2)\right]\times1.8=11.77$（$m^2$）

景观阳台墙面防水 $=(3.9-2.4-0.05\times2)\times1.8=2.52$（$m^2$）

生活阳台墙面防水 $=\left[(1.35-0.1)\times2+(2.1-0.1\times2)\right]\times1.8-0.6\times(1.8-0.9)-(0.7+0.05\times2)\times1.8=5.94$（$m^2$）

（2）定额工程量

卫生间立面防水 $=\left[(1.78+1.9)\times2-(0.72+0.05\times2)\right]\times(1.8-0.5)=8.50$（$m^2$）

景观阳台立面防水 $=(3.9-2.4-0.05\times2)\times(1.8-0.5)=1.82$（$m^2$）

生活阳台立面防水 $=\left[(1.35-0.1)\times2+(2.1-0.1\times2)\right]\times(1.8-0.5)-0.6\times(1.8-0.9)-(0.7+0.05\times2)\times(1.8-0.5)=4.14$（$m^2$）

6）WD-1 木地板

（1）清单工程量

主卧室 $=(3.2-0.1\times2)\times3.52-(0.5+0.1)\times(0.82+0.05\times2+0.04+0.1)=9.92$（$m^2$）

WD-1 木地板垫层（20 mm）工程量 $=9.92\times0.02=0.20$（m^3）

（2）定额工程量

主卧室 $=$ 清单工程量 $=9.92$（m^2）

WD-1 木地板垫层（20 mm）工程量 $=9.92\times0.02=0.20$（m^3）

7）CA-1 地毯

（1）清单工程量

书房 $=(2.9-0.1\times2)\times1.7=4.59$（$m^2$）

书房 CA-1 地毯垫层工程量 $=4.59\times0.02=0.09$（m^3）

书房 CA-1 地毯找平层工程量 $=4.59$ m^2

（2）定额工程量 $=$ 清单工程量 $=4.59$ m^2

书房 CA-1 地毯找平层工程量 $=4.59$ m^2

书房 CA-1 地毯垫层工程量 $=4.59\times0.02=0.09$（m^3）

8）ST-2 阿曼米黄石材门槛石

（1）清单工程量

客厅、餐厅及厨房 $=(0.96+0.05\times2)\times0.2=0.21$（$m^2$）

主卧室 $=(0.82+0.05\times2)\times0.1=0.09$（$m^2$）

书房 $=(0.82+0.05\times2)\times0.1=0.09$（$m^2$）

卫生间 $=(0.72+0.05\times2)\times0.1=0.08$（$m^2$）

景观阳台 $= (2.4 + 0.05 \times 2) \times 0.2 = 0.5$（m²）

生活阳台 $= (0.7 + 0.05 \times 2) \times 0.2 = 0.16$（m²）

（2）定额工程量

客厅、餐厅及厨房 $= (0.96 + 0.05 \times 2) \times 0.2 = 0.21$（m²）

主卧室 $= (0.82 + 0.05 \times 2) \times 0.1 = 0.09$（m²）

书房 $= (0.82 + 0.05 \times 2) \times 0.1 = 0.09$（m²）

卫生间 $= (0.72 + 0.05 \times 2) \times 0.1 = 0.08$（m²）

景观阳台 $= (2.4 + 0.05 \times 2) \times 0.2 = 0.5$（m²）

生活阳台 $= (0.7 + 0.05 \times 2) \times 0.2 = 0.16$（m²）

9）MT-01 黑色镜面不锈钢踢脚线

（1）清单工程量

客厅及餐厅 $= 7.67 + (0.3 + 1.15 + 0.55) + (7.44 - 0.8 - 0.05 \times 4 - 0.04) + (0.6 \times 2 +$
$1.03) = 18.30$（m）

主卧室 $= 1.85 + 0.16 + 3.52 + 3 + 3.02 = 11.55$（m）

书房 $= 1.64 + (0.82 + 0.96) + 1.7 = 5.12$（m）

（2）定额工程量

客厅及餐厅 $=$ 清单工程量 $= 18.30$ m

主卧室 $=$ 清单工程量 $= 11.55$ m

书房 $= 5.12$ m

3

墙柱面装饰工程

3.1 墙柱面装饰工程的基础知识

▶ 3.1.1 墙柱面装饰工程常用材料

1)抹灰墙柱面常用材料

（1）一般抹灰常用材料

一般抹灰常用的材料有石灰砂浆、水泥混合砂浆、水泥砂浆、聚合物水泥砂浆、麻刀灰、纸筋灰等。

（2）装饰抹灰常用材料

装饰装修抹灰一般是指采用水泥、石灰砂浆等抹灰的基本材料，除对墙面作一般抹灰之外，利用不同的施工操作方法直接将墙面做成饰面层。装饰装修抹灰有水刷石、干粘石、斩假石、水泥拉毛等。它比一般抹灰更具装饰性，档次和造价也更高。除了具有与一般抹灰相同的功能外，还具有其本身装饰工艺的特殊性，因此其饰面往往有鲜明的艺术特色和强烈的装饰效果。

2)块料墙柱面常用材料

①天然石材:具有耐久、耐磨、色彩美观等特性。常用的有大理石、花岗岩。

②人造石材:具有色彩丰富，无放射性污染，硬度、韧性适中，加工制作方便，结构致密，清洁卫生等特性。常用的有合成石、水磨石。

③瓷砖:原材料多由黏土、石英砂等混合而成。常用的瓷砖有釉面砖、抛光砖、玻化砖、

通体砖、马赛克。

3）墙柱饰面常用材料

①普通胶合板：板材幅面大，平整易于加工，收缩性小，不易开裂和翘曲，应用广泛。胶合板厚度4 mm以下为薄胶合板，3，3.5，4 mm厚的最为常用。胶合板常用于墙饰面装饰的基层。

②硬质纤维板：是一种利用森林采伐剩余物（如枝丫、树头或木材加工厂的边角废料、林业化工厂的废料等）为原料（也可用禾本科植物秸秆），经干燥、热压等加工工序而制成的人造板。

③细木工板：芯板用木板拼接而成，两个表面为胶贴木质单板的实心板材，俗称大芯板。细木工板常用于墙饰面装饰中的基层。

④装饰石膏板 ：质量轻、强度高、防火、防震、隔热、阻热、吸声、耐老化、变形小及可调节室内湿度，施工方便，加工性能好，可锯、可钉、可刨、可黏结。常用于墙饰面装饰中的基层和面层。

⑤不锈钢装饰板：常用种类有不锈钢板、彩色不锈钢板、镜面不锈钢板、浮雕不锈钢板。常用于墙饰面装饰中的基层和面层。

⑥铝合金装饰板：又称铝合金压型板，质量轻（仅为钢的1/3）、易加工，强度高、刚度好，经久耐用。此外，还可采用化学的、阳极氧化的方法或喷漆处理，常用于墙饰面装饰中的基层。

4）涂料墙柱面常用材料

①乳胶漆涂料：乳胶涂料层具有良好的耐水、耐碱、耐洗刷性，涂层受潮后不会剥落。一般而言（在相同的颜料、体积、浓度条件下），苯丙乳胶漆比乙丙乳胶漆耐水、耐碱、耐擦洗性好，乙丙乳胶漆比聚醋酸乙烯乳胶漆（通称乳胶漆）好。

②水溶性涂料：这类涂料是聚乙烯醇溶解在水中，再在其中加入颜料等其他助剂而成。这类涂料有很多缺陷，比如不耐水、不耐碱，涂层受潮后容易剥落，因此属于低档内墙装饰涂料产品，主要用于内墙的装饰装修。

③多彩涂料：多彩涂料主要应用于仿造石材效果，故又称液态石，也叫地平线外墙涂料。它是由不相容的两相成分组成，其中一相分散介质为连续相，另一相为分散相，涂装时，通过一次性喷涂，便可得到豪华、美观、多彩的图案。这种通过一次性喷涂形成的图案与通过多道工序依次完成才能形成的多彩花纹的方法完全不同。

④硅藻泥环保涂料：硅藻泥涂料是一种新型的环保涂料，以硅藻土为主要原材料，添加多种助剂的粉末装饰涂料，不仅具有很好的装饰性，还具有功能性。

5）其他墙柱面装饰材料

①墙纸：也称为壁纸，是一种用于裱糊墙面的室内装修材料，广泛用于住宅、办公室、宾馆、酒店的室内装修等。

②墙布：又称"壁布"，裱糊墙面的织物。用棉布为底布，并在底布上施以印花或轧纹浮雕，也有以大提花织成。所用纹样多为几何图形和花卉图案。

③镜面玻璃：也称涂层玻璃或镀膜玻璃，有单面涂和双面涂之分。

④玻璃砖：玻璃砖以砌筑局部墙面为主，可提供自然采光，而兼隔热、隔声和装饰作用。

⑤龙骨:墙柱面常用的龙骨一般有木龙骨、轻钢龙骨、铝合金龙骨。

▶ **3.1.2　墙柱面装饰工程的构造及施工工艺**

墙柱面装饰可分湿装饰墙柱面工程和干装饰墙柱面工程。

1)湿装饰墙柱面工程

湿装饰墙柱面工程包括一般抹灰、装饰抹灰、镶贴块料面层、裱糊墙柱饰面等。

(1)一般抹灰

一般抹灰由底层、中层、面层组成,如图3.1所示。

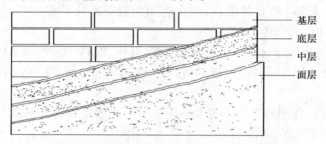

图3.1　一般抹灰构造图

①一般抹灰按建筑物使用标准分,有普通抹灰、中级抹灰、高级抹灰3个等级。抹灰等级与遍数、厚度、工序、外观质量对应表见表3.1。

表3.1　抹灰等级与遍数、厚度、工序、外观质量对应表

抹灰等级名称	普通抹灰	中级抹灰	高级抹灰
抹灰遍数	一底、一面	一底、一中、一面	一底、一中、两面
厚度不大于	18 mm	20 mm	25 mm
主要工序	表面压光	分层赶平、修整,表面压光	分层赶平、修整,表面压光
外观质量	表面光滑、洁净,接槎平整	表面光滑、洁净,接槎平整,灰缝清晰顺直	表面光滑、洁净,颜色均匀,无抹纹,灰线平直方正、清晰

②一般抹灰工程工艺流程:基层清理→浇水湿润→吊垂直,做灰饼→做护角抹水泥窗台,墙面充筋→抹底灰→修补预留孔洞、电箱槽、盒等→抹中层灰→抹面层灰→养护。

(2)装饰抹灰

①水刷石:用水泥、石屑、小石子或颜料等加水拌和,抹在建筑物的表面,半凝固后,用硬毛刷蘸水刷去表面的水泥浆而使石屑或小石子半露,一般用于外墙(见图3.2)。

施工工艺流程:15 mm厚1:3水泥砂浆或水泥石灰砂浆打底→刷素水泥浆一遍→抹10 mm厚1:1.5水泥石子浆→水刷表面。水刷石构造如图3.3所示。

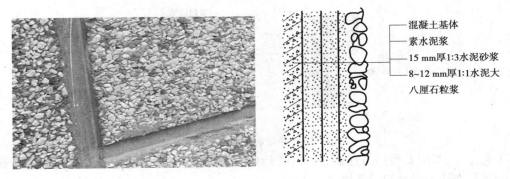

图 3.2　水刷石　　　　　　　　　　　图 3.3　水刷石构造图

混凝土基体
素水泥浆
15 mm厚1:3水泥砂浆
8~12 mm厚1:1水泥大
八厘石粒浆

②斩假石:斩假石又称剁斧石,将掺入石屑及石粉的水泥砂浆涂抹在建筑物表面,硬化后用斩凿方法使其成为有纹路的石面样式,一般用于外墙(见图 3.4)。

施工工艺流程:抹 15 mm 厚 1:3 水泥砂浆→刷素水泥浆一遍→10 mm 厚 1:1.5 水泥石子浆→用斧斩毛。

图 3.4　斩假石

③干粘石:在墙面刮糙的基层上抹上纯水泥浆,撒小石子并用工具将石子压入水泥浆中,做出的装饰面就是干粘石,一般用于外墙。

(3)镶贴块料面层

小规格块料(厚度在 10 mm 以内,边长 400 mm 以下)采有粘贴法施工,一般由底层砂浆、黏结层和块料面层组成,如图 3.5 和图 3.6 所示。

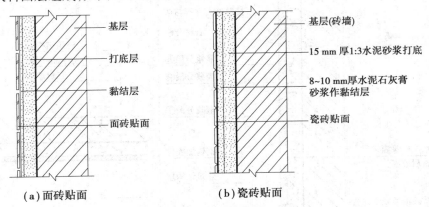

基层
打底层
黏结层
面砖贴面

基层(砖墙)
15 mm 厚1:3水泥砂浆打底
8~10 mm厚水泥石灰膏
砂浆作黏结层
瓷砖贴面

(a)面砖贴面　　　　　　　(b)瓷砖贴面

图 3.5　内墙块料面层构造图

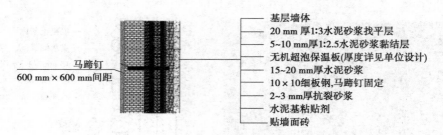

图 3.6　外墙块料面层构造图

工艺流程：基层处理→吊垂直、套方、找规矩、贴灰饼→抹底层砂浆→弹线分格→排砖→浸砖→镶贴面砖→面砖勾缝与擦缝。

大规格的板材(大理石、花岗岩等)采用挂贴法(灌浆固定法)或干挂法(扣件固定法)施工。

挂贴法(灌浆固定法)如图 3.7 和图 3.8 所示：

①在基层上预埋铁件；

②根据板材尺寸及位置绑扎固定钢筋网；

③在板材上下沿钻孔或开槽口；

④用铅丝或锚固件将板材固定在钢筋网上；

⑤板材与墙面之间逐层灌入水泥砂浆。

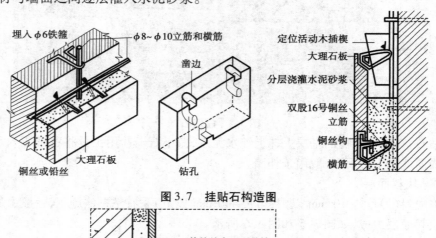

图 3.7　挂贴石构造图

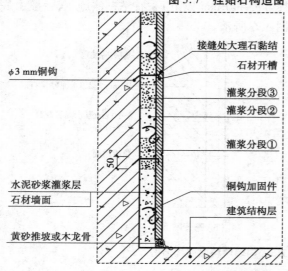

图 3.8　石材灌浆工艺图

干挂法(扣件固定法),如图 3.9 至图 3.11 所示:

①在基层上按板材高度固定不锈钢锚固件;

②在板材上下沿开槽口;

③将不锈钢销子插入板材上下槽口与锚固件连接;

④在板材表面的缝隙中填嵌黏结防水油膏。

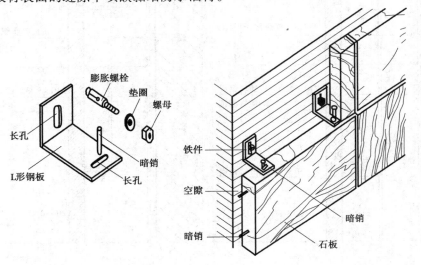

图 3.9　干挂石材构造图

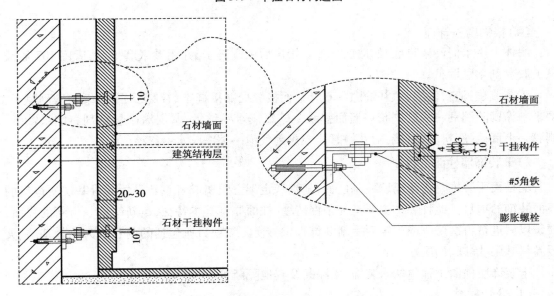

图 3.10　室内干挂石材施工工艺图

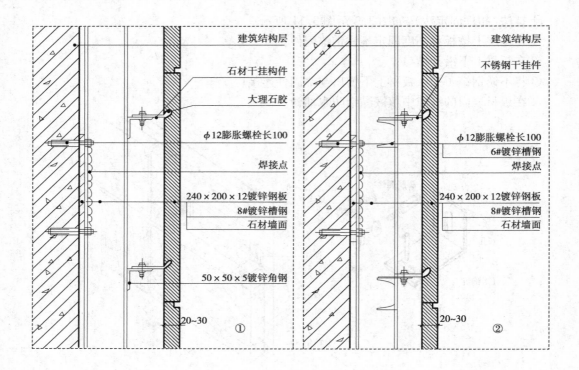

图 3.11　室外干挂石材施工工艺图

（4）裱糊墙柱饰面

墙体上用水泥砂浆打底,使墙面平整。干燥后满刮腻子,并用砂纸磨平,然后用 107 胶或其他胶黏剂粘贴墙纸。

工艺流程:清扫基层,填补缝隙→石膏板面接缝处贴接缝带、补腻子、磨砂纸→满刮腻子,磨平→涂刷防潮剂→涂刷底胶→墙面弹线→壁纸浸水→壁纸、基层涂刷黏结剂→墙纸裁纸、刷胶→上墙裱贴、拼缝、搭接、对花→赶压胶黏剂气泡→擦净胶水→修整。

2）干装饰墙柱面工程

墙柱面干装饰是指距离墙柱基层面,间隔一定架空距离或者重新设置龙骨基层所进行的表面装饰的项目。此种装饰主要是为了保持墙、柱面原有基本特征,重新缔造一个新的界面,便于以后进行再次修改或为今后重新装饰提供方便。该项目所包括的内容分为龙骨基层、夹板卷材基层、隔断、面层。

干装饰墙柱面工程包括木装饰、木隔断及其他隔断等。

（1）龙骨材料

①木龙骨:以方木为支撑骨架,由上槛、下槛、主柱和斜撑组成。以构成分为单层和双层两种。

②隔墙轻钢龙骨:采用镀锌铁皮或黑铁皮带钢,或薄壁冷轧退火卷带为原料,经冷弯或冲压而成的轻隔墙骨架支撑材料。按其截面形状分 U 形和 C 形。

③铝合金龙骨:是纯铝加入锰、镁等合金元素而成,具有质轻、耐蚀、耐磨、韧度大等特点。

（2）基层材料

基层材料包括胶合板、细木工板、纤维板、石膏板等。

（3）面层材料

面层材料包括不锈钢板、玻璃饰面、墙纸、墙布、软包材料等。

龙骨构造示意如图3.12所示。隔断构造示意如图3.13所示。

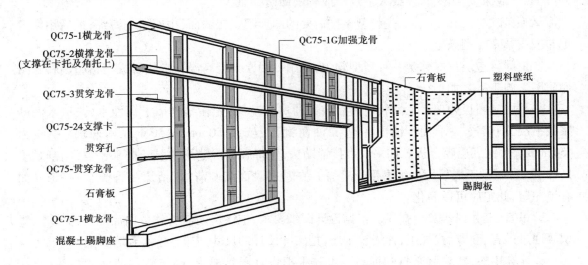

图3.12　龙骨构造示意图

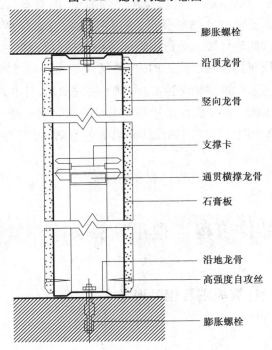

图3.13　隔断构造示意图

3)软包墙柱面

软包是指在室内墙表面用柔性材料加以包装的墙面装饰方法。软包种类可划分为以下三大类:

①常规传统软包。施工工艺:先用基层板(9厘或12厘板)铺设,然后上面加一层3~5 cm厚泡沫垫,再用布艺或人造皮革或真皮饰(包)面。

②型条软包。施工工艺:先将型条按需要的图形固定在墙面,中间填充海绵,最后用塞刀把布或皮革塞在型条里。

③皮雕软包。皮雕软包一种新型软包,是用专用模具经高温一次热压成型,款式新颖,阻燃耐磨。施工工艺如下:

a.基层或底板处理。凡做软包墙面装饰的房间基层,先在结构墙上预埋木砖、抹水泥砂浆找平层、刷喷冷底子油。铺贴一毡二油防潮层、安装50 mm×50 mm 木墙筋(中距为450 mm)、上铺五层胶合板。如采取直接铺贴法,先将底板拼缝用油腻子嵌平密实,满刮腻子1~2遍,待腻子干燥后用砂纸磨平,粘贴前,在基层表面满刷清油(清漆+香蕉水)一道。如有填充层,此工序可以简化。

b.吊直、套方、找规矩、弹线。根据设计图纸要求,把该房间需要软包墙面的装饰尺寸、造型等通过吊直、套方、找规矩、弹线等工序,把实际设计的尺寸与造型落实到墙面上。

c.计算用料、套裁填充料和面料。首先根据设计图纸要求,确定软包墙面的具体做法。一般做法有两种:一是直接铺贴法,此方法操作比较简便,但对基层或底板的平整度要求较高;二是预制铺贴镶嵌法,要求必须横平竖直、不得歪斜,尺寸必须准确等。需要做定位标志以利于对号入座。然后按照设计要求进行用料计算和底衬(填充料)、面料套裁工作。

d.粘贴面料。如采取直接铺贴法施工时,应待墙面细木装修基本完成、边框油漆达到交活条件,方可粘贴面料;若采取预制铺贴镶嵌法,则不受此限制,可事先进行粘贴面料工作。

e.安装贴脸或装饰边线。根据设计选择和加工好的贴脸或装饰边线,按设计要求把油漆刷好(达到交活条件),首先经过试拼达到设计要求和效果后,便可与基层固定和安装贴脸或装饰边线,最后修刷镶边油漆成活。

f.修整软包墙面。除尘清理,钉粘保护膜和处理胶。

3.2 墙柱面装饰工程工程量计算

▶ 3.2.1 2013清单计算规则及相关规定

1)概况

《房屋建筑与装饰工程工程量计算规范》(GB 50854—2013)附录M 墙柱面装饰工程共列10节43个项目,包括:墙面抹灰、柱(梁)面抹灰、零星抹灰、墙面块料面层、柱(梁)面镶贴块料、镶贴零星块料、墙饰面、柱(梁)饰面、幕墙工程、隔断10节内容。

2）2013 清单计算规则及相关规定

墙柱面装饰工程工程量计算按《房屋建筑与装饰工程工程量计算规范》（GB 50854—2013）执行。

①墙面抹灰工程量清单项目的设置、项目特征描述的内容、计量单位及工程量计算规则应按表 M.1 的规定执行。

表 M.1 墙面抹灰（编码:011201）

项目编码	项目名称	项目特征	计量单位	工程量计算规则	工作内容
011201001	墙面一般抹灰	1. 墙体类型 2. 底层厚度、砂浆配合比 3. 面层厚度、砂浆配合比 4. 装饰面材料种类 5. 分格缝宽度、材料种类	m²	按设计图示尺寸以面积计算。扣除墙裙、门窗洞口及单个 >0.3 m² 的孔洞面积,不扣除踢脚线、挂镜线和墙与构件交接处的面积,门窗洞口和孔洞的侧壁及顶面不增加面积。附墙柱、梁、垛、烟囱侧壁并入相应的墙面面积内 1. 外墙抹灰面积按外墙垂直投影面积计算	1. 基层清理 2. 砂浆制作、运输 3. 底层抹灰 4. 抹面层 5. 抹装饰面 6. 勾分格缝
011201002	墙面装饰抹灰			2. 外墙裙抹灰面积按其长度乘以高度计算 3. 内墙抹灰面积按主墙间的净长乘以高度计算 (1) 无墙裙的,高度按室内楼地面至天棚底面计算	
011201003	墙面勾缝	1. 勾缝类型 2. 勾缝材料种类			1. 基层清理 2. 砂浆制作、运输 3. 勾缝
011201004	立面砂浆找平层	1. 基层类型 2. 找平层砂浆厚度、配合比		(2) 有墙裙的,高度按墙裙顶至天棚底面计算 (3) 有吊顶天棚抹灰的,高度算至天棚底 4. 内墙裙抹灰面按内墙净长乘以高度计算	1. 基层清理 2. 砂浆制作、运输 3. 抹灰找平

注:①立面砂浆找平项目适用于仅做找平层的立面抹灰。

②墙面抹石灰砂浆、水泥砂浆、混合砂浆、聚合物水泥砂浆、麻刀石灰浆、石膏灰浆等按本表中墙面一般抹灰列项;墙面水刷石、斩假石、干粘石、假面砖等按本表中墙面装饰抹灰列项。

③飘窗凸出外墙面增加的抹灰并入外墙工程量内。

④有吊顶天棚的内墙面抹灰,抹至吊顶以上部分在综合单价中考虑。

②柱（梁）面抹灰工程量清单项目的设置、项目特征描述的内容、计量单位及工程量计算规则应按表 M.2 的规定执行。

表 M.2　柱(梁)面抹灰(编码:011202)

项目编码	项目名称	项目特征	计量单位	工程量计算规则	工作内容
011202001	柱、梁面一般抹灰	1. 柱(梁)体类型 2. 底层厚度、砂浆配合比 3. 面层厚度、砂浆配合比 4. 装饰面材料种类 5. 分格缝宽度、材料种类	m²	1. 柱面抹灰:按设计图示柱断面周长乘高度以面积计算 2. 梁面抹灰:按设计图示梁断面周长乘长度以面积计算	1. 基层清理 2. 砂浆制作、运输 3. 底层抹灰 4. 抹面层 5. 勾分格缝
011202002	柱、梁面装饰抹灰				
011202003	柱、梁面砂浆找平	1. 柱(梁)体类型 2. 找平的砂浆厚度、配合比			1. 基层清理 2. 砂浆制作、运输 3. 抹灰找平
011202004	柱面勾缝	1. 勾缝类型 2. 勾缝材料种类		按设计图示柱断面周长乘高度以面积计算	1. 基层清理 2. 砂浆制作、运输 3. 勾缝

注:①砂浆找平项目适用于仅做找平层的柱(梁)面抹灰。
　　②柱(梁)面抹石灰砂浆、水泥砂浆、混合砂浆、聚合物水泥砂浆、麻刀石灰浆、石膏灰浆等按本表中柱(梁)面一般抹灰编码列项;柱(梁)面水刷石、斩假石、干粘石、假面砖等按本表中柱(梁)面装饰抹灰项目编码列项。

　　③零星抹灰工程量清单项目的设置、项目特征描述的内容、计量单位及工程量计算规则应按表 M.3 的规定执行。

表 M.3　零星抹灰(编码:011203)

项目编码	项目名称	项目特征	计量单位	工程量计算规则	工作内容
011203001	零星项目一般抹灰	1. 基层类型、部位 2. 底层厚度、砂浆配合比 3. 面层厚度、砂浆配合比 4. 装饰面材料种类 5. 分格缝宽度、材料种类	m²	按设计图示尺寸以面积计算	1. 基层清理 2. 砂浆制作、运输 3. 底层抹灰 4. 抹面层 5. 抹装饰面 6. 勾分格缝
011203002	零星项目装饰抹灰	1. 基层类型、部位 2. 底层厚度、砂浆配合比 3. 面层厚度、砂浆配合比 4. 装饰面材料种类 5. 分格缝宽度、材料种类			
011203003	零星项目砂浆找平	1. 基层类型、部位 2. 找平的砂浆厚度、配合比			1. 基层清理 2. 砂浆制作、运输 3. 抹灰找平

注:①零星项目抹石灰砂浆、水泥砂浆、混合砂浆、聚合物水泥砂浆、麻刀石灰浆、石膏灰浆等按本表中零星项目一般抹灰编码列项;水刷石、斩假石、干粘石、假面砖等按本表中零星项目装饰抹灰编码列项。
　　②墙、柱(梁)面≤0.5 m² 的少量分散的抹灰按本表中零星抹灰项目编码列项。

④墙面块料面层工程量清单项目的设置、项目特征描述的内容、计量单位及工程量计算规则应按表 M.4 的规定执行。

表 M.4　墙面块料面层(编码:011204)

项目编码	项目名称	项目特征	计量单位	工程量计算规则	工作内容
011204001	石材墙面	1. 墙体类型 2. 安装方式 3. 面层材料品种、规格、颜色 4. 缝宽、嵌缝材料种类 5. 防护材料种类 6. 磨光、酸洗、打蜡要求	m²	按镶贴表面积计算	1. 基层清理 2. 砂浆制作、运输 3. 黏结层铺贴 4. 面层安装 5. 嵌缝 6. 刷防护材料 7. 磨光、酸洗、打蜡
011204002	拼碎石材墙面				
011204003	块料墙面				
011204004	干挂石材钢骨架	1. 骨架种类、规格 2. 防锈漆品种、遍数	t	按设计图示以质量计算	1. 骨架制作、运输、安装 2. 刷漆

注:①在描述碎块项目的面层材料特征时可不用描述规格、品牌、颜色。

②石材、块料与黏结材料的结合面刷防渗材料的种类在防护层材料种类中描述。

③安装方式可描述为砂浆或黏结剂粘贴、挂贴、干挂等,不论哪种安装方式,都要详细描述与组价相关的内容。

⑤柱(梁)面镶贴块料工程量清单项目的设置、项目特征描述的内容、计量单位及工程量计算规则应按表 M.5 的规定执行。

表 M.5　柱(梁)面镶贴块料(编码:011205)

项目编码	项目名称	项目特征	计量单位	工程量计算规则	工作内容
011205001	石材柱面	1. 柱截面类型、尺寸 2. 安装方式 3. 面层材料品种、规格、颜色 4. 缝宽、嵌缝材料种类 5. 防护材料种类 6. 磨光、酸洗、打蜡要求	m²	按镶贴表面积计算	1. 基层清理 2. 砂浆制作、运输 3. 黏结层铺贴 4. 面层安装 5. 嵌缝 6. 刷防护材料 7. 磨光、酸洗、打蜡
011205002	块料柱面				
011205003	拼碎块柱面				
011205004	石材梁面	1. 安装方式 2. 面层材料品种、规格、颜色 3. 缝宽、嵌缝材料种类 4. 防护材料种类 5. 磨光、酸洗、打蜡要求			
011205005	块料梁面				

注:①在描述碎块项目的面层材料特征时可不用描述规格、品牌、颜色。

②石材、块料与黏结材料的结合面刷防渗材料的种类在防护层材料种类中描述。

③柱梁面干挂石材的钢骨架按表 M.4 相应项目编码列项。

⑥镶贴零星块料工程量清单项目的设置、项目特征描述的内容、计量单位及工程量计算规则应按表 M.6 的规定执行。

表 M.6　镶贴零星块料(编码:011206)

项目编码	项目名称	项目特征	计量单位	工程量计算规则	工作内容
011206001	石材零星项目	1.基层类型、部位 2.安装方式 3.面层材料品种、规格、颜色 4.缝宽、嵌缝材料种类 5.防护材料种类 6.磨光、酸洗、打蜡要求	m²	按镶贴表面积计算	1.基层清理 2.砂浆制作、运输 3.面层安装 4.嵌缝 5.刷防护材料 6.磨光、酸洗、打蜡
011206002	块料零星项目				
011206003	拼碎块零星项目				

注:①在描述碎块项目的面层材料特征时可不用描述规格、品牌、颜色。
　　②石材、块料与黏结材料的结合面刷防渗材料的种类在防护材料种类中描述。
　　③零星项目干挂石材的钢骨架按表 M.4 相应项目编码列项。
　　④墙柱面≤0.5 m² 的少量分散的镶贴块料面层按本表中零星项目执行。

⑦墙饰面工程量清单项目的设置、项目特征描述的内容、计量单位及工程量计算规则应按表 M.7 的规定执行。

表 M.7　墙饰面(编码:011207)

项目编码	项目名称	项目特征	计量单位	工程量计算规则	工作内容
011207001	墙面装饰板	1.龙骨材料种类、规格、中距 2.隔离层材料种类、规格 3.基层材料种类、规格 4.面层材料品种、规格、颜色 5.压条材料种类、规格	m²	按设计图示墙净长乘以净高以面积计算。扣除门窗洞口及单个>0.3 m² 的孔洞所占面积	1.基层清理 2.龙骨制作、运输、安装 3.钉隔离层 4.基层铺钉 5.面层铺贴
011207002	墙面装饰浮雕	1.基层类型 2.浮雕材料种类 3.浮雕样式		按设计图示尺寸以面积计算	1.基层清理 2.材料制作、运输 3.安装成型

⑧柱(梁)饰面工程量清单项目的设置、项目特征描述的内容、计量单位及工程量计算规则应按表 M.8 的规定执行。

表 M.8 柱(梁)饰面(编码:011208)

项目编码	项目名称	项目特征	计量单位	工程量计算规则	工作内容
011208001	柱(梁)面装饰	1. 龙骨材料种类、规格、中距 2. 隔离层材料种类 3. 基层材料种类、规格 4. 面层材料品种、规格、颜色 5. 压条材料种类、规格	m²	按设计图示饰面外围尺寸以面积计算。柱帽、柱墩并入相应柱饰面工程量内	1. 清理基层 2. 龙骨制作、运输、安装 3. 钉隔离层 4. 基层铺钉 5. 面层铺贴
011208002	成品装饰柱	1. 柱截面、高度尺寸 2. 柱材质	1. 根 2. m	1. 以"根"计量,按设计数量计算 2. 以"m"计量,按设计长度计算	柱运输、固定、安装

⑨幕墙工程工程量清单项目的设置、项目特征描述的内容、计量单位及工程量计算规则应按表 M.9 的规定执行。

表 M.9 幕墙工程(编码:011209)

项目编码	项目名称	项目特征	计量单位	工程量计算规则	工作内容
011209001	带骨架幕墙	1. 骨架材料种类、规格、中距 2. 面层材料品种、规格、颜色 3. 面层固定方式 4. 隔离带、框边封闭材料品种、规格 5. 嵌缝、塞口材料种类	m²	按设计图示框外围尺寸以面积计算。与幕墙同种材质的窗所占面积不扣除	1. 骨架制作、运输、安装 2. 面层安装 3. 隔离带、框边封闭 4. 嵌缝、塞口 5. 清洗
011209002	全玻(无框玻璃)幕墙	1. 玻璃品种、规格、颜色 2. 黏结塞口材料种类 3. 固定方式		按设计图示尺寸以面积计算。带肋全玻幕墙按展开面积计算	1. 幕墙安装 2. 嵌缝、塞口 3. 清洗

注:幕墙钢骨架按表 M.4 干挂石材钢骨架编码列项。

⑩隔断工程量清单项目的设置、项目特征描述的内容、计量单位及工程量计算规则应按表 M.10 的规定执行。

表 M.10　隔断(编码:011210)

项目编码	项目名称	项目特征	计量单位	工程量计算规则	工作内容
011210001	木隔断	1.骨架、边框材料种类、规格 2.隔板材料品种、规格、颜色 3.嵌缝、塞口材料品种 4.压条材料种类	m²	按设计图示框外围尺寸以面积计算。不扣除单个≤0.3 m²的孔洞所占面积;浴厕门的材质与隔断相同时,门的面积并入隔断面积内	1.骨架及边框制作、运输、安装 2.隔板制作、运输、安装 3.嵌缝、塞口 4.装钉压条
011210002	金属隔断	1.骨架、边框材料种类、规格 2.隔板材料品种、规格、颜色 3.嵌缝、塞口材料品种			1.骨架及边框制作、运输、安装 2.隔板制作、运输、安装 3.嵌缝、塞口
011210003	玻璃隔断	1.边框材料种类、规格 2.玻璃品种、规格、颜色 3.嵌缝、塞口材料品种	m²	按设计图示框外围尺寸以面积计算。不扣除单个≤0.3 m²的孔洞所占面积	1.边框制作、运输、安装 2.玻璃制作、运输、安装 3.嵌缝、塞口
011210004	塑料隔断	1.边框材料种类、规格 2.隔板材料品种、规格、颜色 3.嵌缝、塞口材料品种			1.骨架及边框制作、运输、安装 2.隔板制作、运输、安装 3.嵌缝、塞口
11210005	成品隔断	1.隔断材料品种、规格、颜色 2.配件品种、规格	1.m² 2.间	1.以 m² 计量,按设计图示框外围尺寸计算 2.以间计量,按设计间的数量计算	1.隔断运输、安装 2.嵌缝、塞口
011210006	其他隔断	1.骨架、边框材料种类、规格 2.隔板材料品种、规格、颜色 3.嵌缝、塞口材料品种	m²	按设计图示框外围尺寸以面积计算。不扣除单个≤0.3 m²的孔洞所占面积	1.骨架及边框安装 2.隔板安装 3.嵌缝、塞口

▶ **3.2.2 重庆 2008 定额计算规则及相关规定**

墙柱面装饰工程工程量计算按《重庆市装饰工程计价定额》(CQZSDE—2008)执行。

1)概况

《重庆市装饰工程计价定额》(CQZSDE—2008)第二章墙柱面工程共列 5 节 243 个子目,包括:一般抹灰及钢丝(板)网加固、装饰抹灰、镶贴块料面层、墙柱面装饰、幕墙。

2)说明

①本章抹灰项目中的厚度如设计与定额规定不同,允许调整。

②圆弧形、锯齿形等不规则墙面抹灰按相应定额项目人工乘以系数 1.15,材料乘以系数 1.05。

③本章抹灰项目中未含基层刷素水泥浆、建筑胶水泥浆、界面(处理)剂,发生时按相应定额项目执行。

④本章镶贴块料项目中,面砖分别按缝宽 5 mm 和密缝考虑,如灰缝宽度不同时,其块料及灰缝材料(水泥砂浆 1:1)用量允许调整,其余不变。调整公式如下(面砖损耗为相应项目密贴损耗,砂浆损耗率为 2%):

10 m² 块料用量 = 10 m² × (1 + 损耗率) ÷ [(块料长 + 灰缝宽) × (块料宽 + 灰缝宽)]

10 m² 灰缝砂浆用量 = (10 m² – 块料长 × 块料宽 × 10 m² 相应灰缝的块料用量) × 灰缝深 × (1 + 损耗率)

⑤本章块料面层只包含结合层砂浆,未包含基层抹灰砂浆、刷素水泥浆、建筑胶水泥浆、界面(处理)剂,发生时按相应定额项目执行。

⑥抹灰中"零星项目"适用于:各种壁柜、碗柜、池槽、暖气壁龛、阳台栏板(栏杆)、雨篷线、天沟、扶手、花台、梯帮侧面和遮阳板等凸出墙面宽度在 500 mm 以内的挑板,展开宽度在 300 mm 以上的线条及单个面积在 1 m² 以内的抹灰。

⑦抹灰中"装饰线条"适用于:挑檐线、腰线、窗台线、门窗套、压顶、宣传栏的边框及宽度展开在 300 mm 以内的线条等抹灰。

⑧镶贴块料及墙柱面装饰"零星项目"适用于:挑檐线、天沟、腰线、窗台线、门窗套、压顶、扶手、雨篷周边、阳台栏板、空调搁板、阳光窗台、凸出墙面宽度在 500 mm 以内的线板及单个面积在 1 m² 以内的项目。

⑨镶贴块料面层均不包括现场切角和磨边,如设计要求切角、磨边时,按其他工程章节相应定额项目执行。弧形石材磨边人工乘以系数 1.3;直形墙面贴弧形图案时,其弧形部分块料损耗按实调整,弧形部分每 100 m 增加人工 6 工日。

⑩弧形墙柱面贴块料及饰面时,按相应定额项目人工乘以系数 1.15,未计价材料按实调整,其余不变。

⑪墙面、隔墙(间壁)、隔断(护壁)、幕墙等定额中龙骨(骨架)间距、规格,如设计与定额规定不同时,未计价材料允许调整,其余不变。

⑫定额子目中所标注的木材断面或厚度均以毛断面为准,如设计图纸注明的断面厚度为净料时,应增加刨光损耗;枋、板材一面刨光增加 3 mm,两面刨光增加 5 mm。

⑬面层、隔墙(间壁)、隔断(护壁)定额内,均未包括压条、手边、装饰线(板),如设计要求

时,按相应定额项目执行。

⑭墙柱面饰面板拼色、拼花按相应定额项目人工乘以系数1.5,未计价材料按实调整,机械不变。

⑮木龙骨、木基层均未包括刷防火涂料,如设计要求时,按相应定额项目执行。

⑯玻璃幕墙设计有开窗者,仍执行幕墙定额,窗型材、窗五金相应增加,其余不变。

⑰本章铝合金明框玻璃幕墙是按120系列,隐框和半隐框玻璃幕墙是按照130系列,铝塑板(铝板)幕墙是按110系列编制。如设计与定额规定不同时,未计价材料允许调整,按实调整,其余不变。玻璃幕墙中的玻璃是按成品玻璃编制,幕墙中的避雷装置、防火隔离层定额内已综合,幕墙的封边、封顶按本章相应定额项目执行。

3)计算规则

①内墙面(内墙裙)抹灰面积,应扣除门窗洞口和空圈所占的面积,不扣除踢脚线、挂镜线和单个面积在 0.3 m² 以内的孔洞所占的面积,但门窗洞口、空圈的侧壁和顶面、底面亦不增加,墙垛(含附墙柱烟囱)侧壁面积与内墙面(内墙裙)抹灰工程量合并计算。

内墙面抹灰长度以墙与墙间的图示净长度计算(间壁墙所占面积不扣除),其高度按下列规定计算:

a. 无墙裙的,其高度按室内地面或楼面至天棚底面之间的距离计算;

b. 有墙裙的,其高度按墙裙顶面至天棚底面之间的距离计算;

c. 有吊顶天棚的内墙抹灰,其高度按室内地面或楼面至天棚底面另加100 mm计算(有设计要求的除外)。

②外墙面(外墙裙)抹灰面积,应扣除门窗洞口、空圈和单个面积在 0.3 m² 以上的孔洞所占的面积,门窗洞口及空圈的侧壁、顶面、底面和墙垛(附墙烟囱)侧壁的面积与外墙面(外墙裙)抹灰工程量合并计算。

③柱面抹灰按结构断面周长乘以高度计算。

④抹灰、块料面层的"零星项目"按设计展开面积以"m²"计算;抹灰中的"装饰线条"按延长米计算。

⑤装饰抹灰分格、嵌缝按装饰抹灰面面积以"m²"计算。

⑥墙柱面贴块料面层,按设计展开面积以"m²"计算。

⑦墙柱面饰面面层按设计展开面积以"m²"计算;龙骨、基层按饰面面积计算。

⑧墙柱面贴块料、饰面高度在300 mm以内者,按踢脚板定额执行。

⑨隔断按设计尺寸以 m² 计算,应扣除门窗洞口及单个在 0.3 m² 以上的孔洞所占的面积,门窗按相应定额子目执行。

⑩装饰钢构架按框外围面积以 m² 计算。

⑪全玻隔断的装饰边框工程量按设计尺寸以延长米计算;玻璃隔断按框外围面积以"m²"计算。

⑫全玻隔断如有加强肋者,肋按展开面积并入玻璃隔断面积内以"m²"计算。

⑬全玻幕墙如有加强肋者,肋按展开面积并入幕墙面积内以 m² 计算;玻璃幕墙、铝板幕墙以外围面积计算。

3.3 墙柱面装饰工程案例分析

▶ 3.3.1 典型案例分析

【例3.1】 某工程如图3.14所示,外墙面抹水泥砂浆,底层为14 mm厚1:3水泥砂浆打底,面层为6 mm厚1:2.5水泥砂浆抹面;外墙裙水刷石,12 mm厚1:3水泥砂浆打底,刷素水泥浆两遍,10 mm厚1:2.5水泥白石子;室内外地坪均为±0.00,内墙采用1:3水泥砂浆普通抹灰,墙厚240 mm;M-1:1 000 mm×2 500 mm,M-2:900 mm×2 000 mm,C:1 200 mm×1 500 mm。

问题:

(1)计算内墙面抹灰工程量。

(2)计算外墙及外墙裙抹灰工程量。

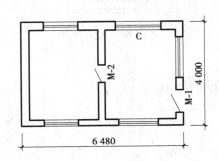
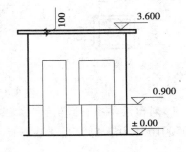

图3.14 墙面抹灰

【解】 (1)列出清单项,计算清单工程量

● 011201001001 内墙一般抹灰

清单工程量 $= [(6.48 - 0.24 \times 3) \times 2 + (4.00 - 0.24 \times 2) \times 4] \times (3.6 - 0.10) - 1.00 \times 2.50 - 0.9 \times 2 \times 2 - 1.20 \times 1.50 \times 5 = 74.5 (\text{m}^2)$

● 011201001002 外墙一般抹灰

清单工程量 $= (6.48 + 4.00) \times 2 \times (3.6 - 0.10 - 0.90) - 1.00 \times (2.50 - 0.90) - 1.20 \times 1.50 \times 5 = 43.90 (\text{m}^2)$

● 011201002001 外墙裙装饰抹灰(水刷石)

清单工程量 $= [(6.48 + 4.00) \times 2 - 1.00] \times 0.90 = 17.96 (\text{m}^2)$

(2)列出定额项,计算定额工程量

● BB0001 内墙一般抹灰

定额工程量 $= [(6.48 - 0.24 \times 3) \times 2 + (4.00 - 0.24 \times 2) \times 4] \times (3.6 - 0.10) - 1.00 \times 2.50 - 0.9 \times 2 \times 2 - 1.20 \times 1.50 \times 5 = 74.5 (\text{m}^2)$

● BB0001 换 外墙一般抹灰

定额工程量 $= (6.48 + 4.00) \times 2 \times (3.6 - 0.10 - 0.90) - 1.00 \times (2.50 - 0.90) - 1.20 \times 1.50 \times 5 + (1.2 + 1.5) \times 2 \times 0.24 \times 5 + (0.9 + 2.5 \times 2) \times 0.24 = 51.80 (\text{m}^2)$

● BB0018 换 外墙裙装饰抹灰(水刷石)

定额工程量 $= [(6.48+4.00)\times2-1.00]\times0.90=17.96(\text{m}^2)$

注:内墙抹灰工程量按内墙净面积扣除门窗洞口面积,清单计算规则与定额计算规则相同。

【例3.2】 某建筑物钢筋混凝土柱14根,构造如图3.15所示,若柱面挂贴花岗岩面层,试计算工程量。

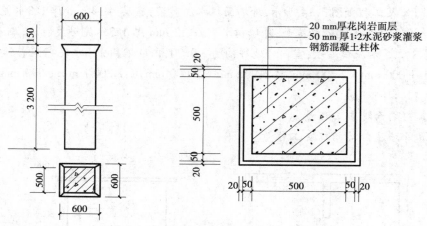

图3.15 柱面贴石材

【解】 (1)列出清单项,计算清单工程量

● 011205001001 柱面贴花岗岩块料面层

清单工程量 $= [0.64\times4\times3.2+(0.64+0.74)\times\sqrt{0.15^2+0.05^2}\div2\times4]\times14 = 120.80(\text{m}^2)$

(2)列出定额项,计算定额工程量

● BB0045 柱面贴花岗岩块料面层

定额工程量 $= [0.64\times4\times3.2+(0.64+0.74)\times\sqrt{0.15^2+0.05^2}\div2\times4]\times14 = 120.80(\text{m}^2)$

注:此题柱面块料按"柱身面积+柱帽面积"计算,清单计算规则与定额计算规则相同。

【例3.3】 某库房外墙面尺寸如图3.16所示,M:1 500 mm×2 000 mm;C-1:1 500 mm×800 mm;C-2:1 200 mm×800 mm;门窗外侧面宽度100 mm;外墙水泥砂浆粘贴规格194 mm×94 mm瓷质外墙砖,灰缝5 mm。计算外墙装饰工程量。

【解】 (1)列出清单项,计算清单工程量

● 011204003001 外墙面砖

清单工程量 $= (6.24+3.90)\times2\times4.20-1.50\times2.00-1.50\times1.80-1.20\times0.80\times4 + [1.50+2.00\times2+(1.50+1.80)\times2+(1.20+0.80)\times2\times4]\times0.10=78.45(\text{m}^2)$

（2）列出定额项，计算定额工程量

● BB0085 外墙面贴规格 194 mm×94 mm 瓷砖，灰缝 5 mm

定额工程量 $=(6.24+3.90)\times2\times4.20-1.50\times2.00-1.50\times1.80-1.20\times0.80\times4+$
$[1.50+2.00\times2+(1.50+1.8)\times2+(1.20+0.80)\times2\times4]\times0.10=78.45(m^2)$

注：墙面镶贴块料工程量计算，清单计算规则和定额计算规则相同。

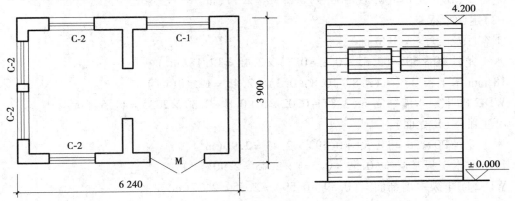

图 3.16　某库房外墙面

【例 3.4】　如图 3.17 所示，间壁墙（隔断）采用轻钢龙骨双面镶嵌石膏板，门的材质与隔断材质不同，门洞尺寸为 900 mm×2 000 mm，试计算工程量。

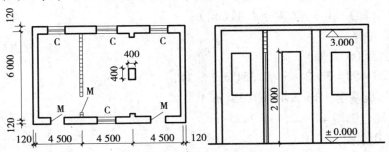

图 3.17　隔断

【解】　（1）列出清单项，计算清单工程量

● 011210006001 轻钢龙骨双面镶嵌石膏板隔断

清单工程量 $=(6-0.24)\times3-0.9\times2=15.48(m^2)$

（2）列出定额项，计算定额工程量

● BB0186 轻钢龙骨双面镶嵌石膏板隔断

定额工程量 $=(6-0.24)\times3-0.9\times2=15.48(m^2)$

注：隔断工程量应扣除不同材质的门的面积，定额计算规则与清单计算规则相同。

▶　**3.3.2　综合案例分析**

按某小区 B-1 户型样板间室内装修图计算。

1）WD-2 咖啡梨木墙饰面

（1）清单工程量

清单工程量 = 客厅及餐厅（A,B 立面）+ 主卧室（B 立面）= 11.54 + 2.77 = 14.31（m²）

客厅及餐厅（A,B 立面）= (3.87 - 0.02 × 3 + 0.8 + 0.3) × 2.35 = 11.54（m²）

主卧室（B 立面）= (0.59 + 0.59) × 2.35 = 2.77（m²）

（2）定额工程量

①客厅及餐厅（A,B 立面）：

木工龙骨 20 × 50 = (3.87 + 0.8 + 0.3) × 2.45 = 12.18（m²）

18 mm 木工板基层 = (3.87 + 0.8 + 0.3) × 2.45 = 12.18（m²）

WD-2 咖啡梨木墙饰面 = (3.87 - 0.02 × 3 + 0.8 + 0.3) × 2.35 = 11.54（m²）

②主卧室（B 立面）：

木工龙骨 20 × 50 = (0.59 + 0.59) × 2.45 = 2.90（m²）

18 mm 木工板基层 = (0.59 + 0.59) × 2.45 = 2.90（m²）

WD-2 咖啡梨木墙饰面 = (0.59 + 0.59) × 2.35 = 2.77（m²）

2）**墙面 FB-1 皮革硬包饰面**

（1）清单工程量

客厅及餐厅（A 立面）= 3 × 2.45 = 7.35（m²）

主卧室（B 立面）= 1.8 × 2.45 = 4.41（m²）

（2）定额工程量

①客厅及餐厅（A 立面）：

木工龙骨 20 × 50 = 3 × 2.45 = 7.35（m²）

18 mm 木工板基层 = 3 × 2.45 = 7.35（m²）

FB-1 皮革硬包饰面 = 3 × 2.45 = 7.35（m²）

②主卧室（B 立面）：

木工龙骨 20 × 50 = 1.8 × 2.45 = 4.41（m²）

18 mm 木工板基层 = 1.8 × 2.45 = 4.41（m²）

FB-1 皮革硬包饰面 = 1.8 × 2.45 = 4.41（m²）

3）**墙面 GL-01 银镜磨花饰面**

（1）清单工程量

客厅及餐厅（C 立面）= 2.15 × 2.35 = 5.05（m²）

（2）定额工程量

客厅及餐厅（C 立面）

木工龙骨 20 × 50 = 2.2 × 2.45 = 5.39（m²）

18 mm 木工板基层 = 2.2 × 2.45 = 5.39（m²）

GL-01 银镜磨花饰面 = 2.15 × 2.35 = 5.05（m²）

4)墙面 HT-1 300 mm×600 mm 墙砖密拼贴砖

（1）清单工程量

厨房贴 300 mm×600 mm 墙面砖 =（1.6+2.7+1.9+0.9）×2.4 –（2×0.8+1.4×0.6）=14.6（m²）

卫生间贴 300 mm×600 mm 墙砖 =（1.8+1.78+1.9+1.78）×2.4 –（2.35×0.76+0.9×0.7）=15.01（m²）

（2）定额工程量

厨房贴 300 mm×600 mm 墙面砖 =（1.6+2.7+1.9+0.9）×2.4 –（2×0.8+1.4×0.6）=14.6（m²）

卫生间贴 300 mm×600 mm 墙砖 =（1.8+1.78+1.9+1.78）×2.4 –（2.35×0.76+0.9×0.7）=15.01（m²）

4

天棚装饰工程

4.1 天棚装饰工程的基础知识

▶ 4.1.1 天棚装饰工程常用材料

天棚装饰工程材料主要分为抹灰类材料、涂刷类材料、裱糊类材料及吊顶天棚类材料4类。

1)抹灰类材料

一般抹灰常用的材料有水泥砂浆、石灰砂浆、水泥混合砂浆、聚合物水泥砂浆、麻刀灰、纸筋灰等。

2)涂刷类材料

(1)油漆类

油漆类材料有腻子粉、腻子膏、调合漆、金粉漆、乳胶漆、水性金属漆等。

(2)建筑涂料

①油性涂料:以干性油为主要成分的涂料,种类繁多,涂层致密,容易保持清洁,但其耐老化性差,适用于门窗、家具等的涂装。

②聚氨酯涂料:水溶性的聚氨酯乳胶具有较强的耐磨性,对颜料有极好的分散性,颜色丰富,适用于涂饰顶棚、地面。

③硅藻泥环保涂料:硅藻泥涂料是一种新型的环保涂料,以硅藻土为主要原材料,添加多种助剂的粉末装饰涂料,不仅健康环保,还具有很好的装饰性及功能性,是替代壁纸和乳胶漆

的新一代室内装饰材料。

3）裱糊类材料

（1）墙纸

墙纸也称为壁纸，是一种用于裱糊墙面的室内装修材料，广泛用于住宅、办公室、宾馆、酒店的室内装修等。

（2）墙布

墙布又称为"壁布"，裱糊墙面的织物。用棉布为底布，并在底布上施以印花或轧纹浮雕，也有以大提花织成，所用纹样多为几何图形和花卉图案。

4）吊顶天棚类材料

（1）龙骨材料

①木龙骨：又称木方，主要由松木、椴木、杉木等树木加工成截面为长方形或正方形的木条。木龙骨由上槛、下槛、主柱和斜撑组成，用于撑起外面的装饰板，起支架作用，型号种类多，价格便宜易施工，是装修中常用的一种材料。但其不防潮，容易变形，不防火，因此一般均会在木龙骨表面刷一层防火涂料。

②轻钢龙骨：是以优质的连续热镀锌板带为原材料，经冷弯工艺轧制而成的建筑用金属骨架。按断面形式有 U 形、T 形、L 形龙骨等，其质轻、强度高、防水性好、施工方便，常用于以纸面石膏板、装饰石膏板等轻质板材作饰面的非承重墙体和建筑物屋顶的造型装饰。

③铝合金龙骨：具有强度高、质量较轻、个性化性能强、装饰性能好、易加工、安装便捷、种类繁多等优点。常用的有 T 形铝合金天棚龙骨、铝合金方板天棚龙骨、铝合金条板天棚龙骨、铝合金格片式天棚龙骨等。

（2）基层材料

①胶合板：是家具常用材料之一，为人造板三大板之一，层数一般为奇数，常用的胶合板类型有三合板和五合板等。

②木夹板：是直接用压缩木削于一起的板材，其平整度高、胶合强度高，是家居装修中木工制品的主体材料。

③石膏板：以建筑石膏为主要原料制作而成，其质轻、强度高，其具有防火、隔音、绝热等功能，且施工方便，被广泛应用于天棚板、吸音板、基层板及饰面板等。

（3）面层材料

①胶合板、木夹板、石膏板。

②埃特板：由水泥、植物纤维和矿物质，经流浆法高温蒸压而成。其具有防火、防潮、防水、隔音、环保、耐久等优点，常用于卫生间隔墙、室外屋面屋顶、外墙保温板、室内装饰、天棚等。

③玻璃纤维板：具有吸音、隔声、隔热、环保、阻燃等优点，常用于软包基层，外面再包布艺、皮革等，做成美观的墙面、吊顶装饰。

④铝塑板：具有耐候、耐腐蚀、防火、防潮、隔音、隔热、抗震性，且质轻、易加工成型、易搬运安装等特性，被广泛应用于天棚板装修、广告招牌、展示台架等，可直接贴在夹板基层上、龙骨上或混凝土板下。

⑤铝扣板：主要分为家装集成铝扣板和工程铝扣板两种类型。其具有质轻、强度高、防火、安全环保等优点，已逐步取代石膏板，成为备受瞩目的一种新型装饰材料。

▶ **4.1.2　天棚装饰工程构造及施工工艺**

1)概念

天棚工程是指室内空间上部的结构层或装饰构件,俗称天花板、顶棚、平顶。为室内美观及保温隔热的需要,多数设顶棚(吊顶),把屋面的结构层隐蔽起来,起遮挡管道或制作造型之用,以满足室内使用要求。

2)天棚的分类

根据饰面与基层的关系,将顶棚分为直接式天棚和悬吊式天棚两种类型。

(1)直接式天棚

直接式天棚是指在屋面板或楼板底面直接进行喷浆、抹灰、粉刷、粘贴等装饰而形成的天棚,一般用于装修要求不高的房间,其要求和做法与内墙装修相同。

①直接式天棚分类:

a. 直接喷刷式天棚:石灰浆、涂料等。

b. 直接抹灰式天棚:各种砂浆、石灰膏浆、腻子等。要求高的房间,可在底板增设一层钢板网,在钢板网上再做抹灰。

c. 直接裱糊式天棚:各种墙纸、墙布等。

d. 直接粘贴式天棚:轻质装饰吸声板、石膏板和线条等。

e. 直接固定装饰面板式天棚:钉骨架、钉面板、罩面等。不使用吊挂件,直接在楼板底面铺设固定格栅。

f. 结构式天棚:将屋盖或楼盖结构暴露在外,利用结构本身的韵律做装饰。常见的有网架结构、拱结构、悬索结构、井格式梁板结构。采用调节色彩、强调光照效果、改变构件材质、借助装饰品等加强装饰效果,适用于体育馆、展览馆等大型公共建筑。

②直接式天棚结构层次示意图:在板底打底后再喷涂、抹灰、裱糊等层次示意图,如图4.1和图4.2所示。

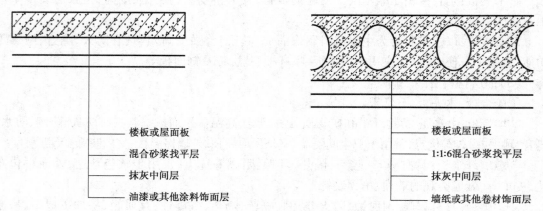

图4.1　喷刷类顶棚构造层次示意图　　　　图4.2　裱糊类顶棚构造层次示意图

在板底用膨胀螺栓或射钉固定主龙骨,然后按面板尺寸固定次龙骨,再固定面板,最后罩面,如图4.3所示。

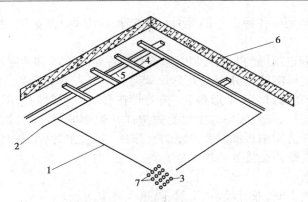

图4.3 天棚构造示意图

1—饰面穿孔石膏板；2—矿棉（上面纸层）；3—纤维网；
4—次龙骨；5—主龙骨；6—楼板；7—腻子嵌平

③直接式天棚的装饰线脚：是安装在天棚与墙顶交界部位的线材，简称装饰线。可采用粘贴法或直接钉固法与天棚固定，有木线、石膏线、金属线等。EPS装饰线条结构分解图如图4.4所示。

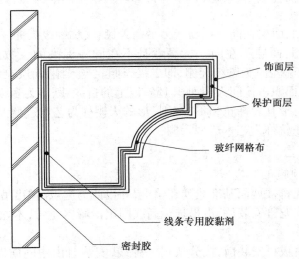

饰面层
保护面层
玻纤网格布
线条专用胶黏剂
密封胶

图4.4 EPS装饰线条结构分解图

（2）悬吊式天棚

悬吊式天棚是指天棚的装饰表面悬吊于屋面板或楼板下，并与其留有一定距离的天棚，俗称吊顶。吊顶天棚可节约空调能源消耗，结构层与吊顶棚之间可作布置设备管线之用，如灯具、空调、烟感器、喷淋设备等。其立体效果好，形式变化丰富，适用于中高档建筑顶棚装饰，且其饰面应根据设计留出相应灯具、空调等设备安装检修孔、送风口、回风口等的位置。

①悬吊式天棚构造：由悬吊部分、天棚骨架、饰面层、连接部分四大基本部分组成。

a. 悬吊部分：包括吊点、吊杆或连接杆。

吊杆又称吊筋，其作用是将整个吊顶系统与结构件相连接，将整个吊顶荷载传递给结构构件承受。此外，还可用其调整吊顶棚的空间高度，以适应不同场合、不同艺术处理的需要。

b. 天棚骨架：

● 组成:天棚骨架是由各种大小的龙骨(主龙骨、次龙骨、小龙骨)所形成的网格骨架体系,又称天棚基层。

● 作用:支撑并固定顶棚的罩面板以及承受作用在吊顶上的其他附加荷载。

● 分类:按骨架的承载能力分为上人龙骨骨架和不上人龙骨骨架;按龙骨材料分为木龙骨、轻钢龙骨、铝合金龙骨(U 形、T 形等)。按龙骨在骨架中所起的作用分为承载龙骨(又称主龙骨,其与吊杆相连接,是骨架中的主要受力构件)、覆面龙骨(又称次龙骨,在骨架中起联系杆件的构造作用,并为罩面板搁置或固定的支撑件)与边龙骨(又称封口角铝,主要用于吊顶与四周墙相接处,支撑该交接处的罩面板)。

c. 饰面层:又称面层。

● 作用:装饰室内空间,兼有吸声、反射、隔热等特定功能。

● 分类:抹灰类、板材类、开敞类。

● 形式:条形、矩形等。

d. 连接部分:是指悬吊式天棚龙骨之间、悬吊式天棚龙骨与饰面层之间、悬吊式天棚龙骨与吊杆之间的连接件和紧固件。

● 作用:承受吊顶面层和龙骨架的荷载,并将荷载传递给屋顶的承重结构。

● 形式:吊挂式、插挂式、自攻螺钉、木螺钉、圆钢钉、特制卡具、胶黏剂等。

② 天棚吊顶的种类:

a. 平面天棚:天棚、面层在同一标高者为平面天棚,又称一级天棚。

b. 跌级天棚:天棚、面层不在同一标高者且不在同一标高的少数面积占该间天棚面积15% 以上的(在两个标高者)为跌级天棚,即二级天棚。当天棚、面层在两个标高以上者,且在两个标高以上的少数面积占该间天棚面积 15% 以上的折线、跌落为多级造形天棚。

c. 艺术造型天棚:带有装饰花和不"规则"形的天棚称为艺术造型天棚。例如,藻井形、阶梯形、锯齿形等的天棚就称为艺术造型天棚。

3)天棚的施工工艺

(1)木质天棚吊顶施工工艺

①弹水平线:首先将楼地面基准线弹在墙上,并以此为起点,弹出吊顶高度水平线。

②安装主龙骨:主龙骨安装后,沿吊顶标高线固定沿墙木龙骨,木龙骨的底边与吊顶顶标高线齐平。

③罩面板的铺钉:板材安装前,按分块尺寸弹线,安装时由中间向四周呈对称排列,顶棚的接缝与墙面交圈保持一致,面板应安装牢固且不得出现折裂、翘曲、缺棱掉角和脱层的缺陷。

(2)轻钢龙骨或铝合金龙骨天棚吊顶施工工艺

①工艺流程:弹天棚标高水平线→画龙骨分档线→固定吊挂杆→安装边龙骨→安装主龙骨→安装次龙骨→罩面板安装→验收。

②施工要点:主龙骨宜平行房间长向安装,一般从吊顶中心向两边,间距为 900 ~ 1 200 mm;铝扣板吊顶与四周墙面所留空隙用金属压条与吊顶找齐,金属压缝条材质宜与金属板面相同。

(3)木格栅天棚吊顶施工工艺

工艺流程:准确测量天棚尺寸→龙骨精加工→表面刨光→开半槽搭接→阻燃剂涂刷→清油涂刷→安装磨砂玻璃。

(4)PVC 塑料板天棚吊顶施工工艺

一般用于室内洗手间、厨房等区域的吊顶,目前已较少应用。其工艺流程:弹线→安装主梁→安装木龙骨架→安装塑料板。

4.2 天棚装饰工程工程量计算

▶ 4.2.1 2013清单计算规则级相关规定

1)概况

《房屋建筑与装饰工程工程量计算规范》(GB 50854—2013)附录 N 天棚装饰工程共列 4 节 10 个项目,包括:天棚抹灰、天棚吊顶、采光天棚、天棚其他装饰 4 节内容。

2)2013清单计算规则及相关规定

天棚装饰工程工程量计算按《房屋建筑与装饰工程工程量计算规范》(GB 50854—2013)执行。

①天棚抹灰工程量清单项目的设置、项目特征描述的内容、计量单位及工程量计算规则应按表 N.1 的规定执行。

表 N.1 天棚抹灰(编码:011301)

项目编码	项目名称	项目特征	计量单位	工程量计算规则	工作内容
011301001	天棚抹灰	1.基层类型 2.抹灰厚度、材料种类 3.砂浆配合比	m²	按设计图示尺寸以水平投影面积计算。不扣除间壁墙、垛、柱、附墙烟囱、检查口和管道所占的面积,带梁天棚的梁两侧抹灰面积并入天棚面积内,板式楼梯底面抹灰按斜面积计算,锯齿形楼梯底板抹灰按展开面积计算	1.基层清理 2.底层抹灰 3.抹面层

②天棚吊顶工程量清单项目的设置、项目特征描述的内容、计量单位及工程量计算规则应按表 N.2 的规定执行。

表 N.2 天棚吊顶(编码:011302)

项目编码	项目名称	项目特征	计量单位	工程量计算规则	工作内容
011302001	吊顶天棚	1.吊顶形式、吊杆规格、高度 2.龙骨材料种类、规格、中距 3.基层材料种类、规格 4.面层材料品种、规格 5.压条材料种类、规格 6.嵌缝材料种类 7.防护材料种类	m²	按设计图示尺寸以水平投影面积计算。天棚面中的灯槽及跌级、锯齿形、吊挂式、藻井式天棚面积不展开计算。不扣除间壁墙、检查口、附墙烟囱、柱垛和管道所占面积,扣除单个>0.3 m² 的孔洞、独立柱及与天棚相连的窗帘盒所占的面积	1.基层清理、吊杆安装 2.龙骨安装 3.基层板铺贴 4.面层铺贴 5.嵌缝 6.刷防护材料

续表

项目编码	项目名称	项目特征	计量单位	工程量计算规则	工作内容
011302002	格栅吊顶	1. 龙骨材料种类、规格、中距 2. 基层材料种类、规格 3. 面层材料品种、规格 4. 防护材料种类	m²	按设计图示尺寸以水平投影面积计算	1. 基层清理 2. 安装龙骨 3. 基层板铺贴 4. 面层铺贴 5. 刷防护材料
011302003	吊筒吊顶	1. 吊筒形状、规格 2. 吊筒材料种类 3. 防护材料种类			1. 基层清理 2. 吊筒制作安装 3. 刷防护材料
011302004	藤条造型悬挂吊顶	1. 骨架材料种类、规格 2. 面层材料品种、规格			1. 基层清理 2. 龙骨安装 3. 铺贴面层
011302005	织物软雕吊顶				
011302006	装饰网架吊顶	网架材料品种、规格			1. 基层清理 2. 网架制作安装

③采光天棚工程量清单项目的设置、项目特征描述的内容、计量单位及工程量计算规则应按表 N.3 的规定执行。

表 N.3　采光天棚(编码:011303)

项目编码	项目名称	项目特征	计量单位	工程量计算规则	工作内容
011303001	采光天棚	1. 骨架类型 2. 固定类型、固定材料品种、规格 3. 面层材料品种、规格 4. 嵌缝、塞口材料种类	m²	按框外围展开面积计算	1. 清理基层 2. 面层制安 3. 嵌缝、塞口 4. 清洗

注:采光天棚骨架不包括在本节中,应单独按计量规范附录 F 相关项目编码列项。

④天棚其他装饰工程量清单项目的设置、项目特征描述的内容、计量单位及工程量计算规则应按表 N.4 的规定执行。

表 N.4　天棚其他装饰(编码:011304)

项目编码	项目名称	项目特征	计量单位	工程量计算规则	工作内容
011304001	灯带(槽)	1. 灯带形式、尺寸 2. 格栅片材料品种、规格 3. 安装固定方式	m²	按设计图示尺寸以框外围面积计算	安装、固定

项目编码	项目名称	项目特征	计量单位	工程量计算规则	工作内容
011304002	送风口、回风口	1. 风口材料品种、规格 2. 安装固定方式 3. 防护材料种类	个	按设计图示数量计算	1. 安装、固定 2. 刷防护材料

▶ 4.2.2 重庆 2008 定额计算规则及相关规定

天棚装饰工程工程量计算按《重庆市装饰工程计价定额》（CQZSDE—2008）执行。

1）概况

《重庆市装饰工程计价定额》（CQZSDE—2008）第三章天棚工程共列 4 节 142 个子目，包括平面天棚、跌级天棚、其他天棚、灯片、灯槽、灯孔及其他。

2）说明

①本章中铁杆、金属构件除锈是按手工除锈编制的，若采用机械（喷砂或抛丸）除锈时，执行 2008 年《重庆市建筑工程计价定额》金属工程章节中除锈的相应项目。

②本章中铁杆、金属构件已包括刷防锈漆一遍，如设计需要刷第二遍及多遍防锈漆时，按相应定额项目执行。

③本章为天棚龙骨、基层、面层分别列项编制，使用时根据设计选用。

④本章龙骨的种类、间距、规格和基层、面层材料的型号、规格是按常用材料和常用做法编制的，如设计与定额不同时，未计价材料可以调整，其余不变。

⑤当天棚面层为拱、弧形时，称为木夹板、木龙骨拱（弧）形天棚；天棚面层为球冠时，称为木夹板、木龙骨工艺穹顶。

⑥天棚面层在同一标高者为平面天棚；天棚面层不在同一标高且不在同一标高的少数面积占该间天棚面积的 15% 以上的为跌级天棚（在两个标高者），跌级天棚基层、面层按平面定额项目人工乘以系数 1.1，其余不变。

⑦当天棚面层在两个标高以上者，且在两个标高以上的少数面积占该间天棚面积 15% 以上的折线、迭落为多级造型天棚。多级造型天棚龙骨、基层、面层按平面定额项目人工乘以系数 1.2。

⑧拱（弧）形天棚基层、面层按平面定额项目人工乘以系数 1.43，其余不变。

⑨斜平顶天棚龙骨、基层、面层按平面定额项目人工乘以系数 1.15，其余不变。

⑩天棚包直线形梁、造直线形假梁按墙柱面相应定额项目人工乘以系数 1.34，其余不变。

⑪天棚包弧线形梁、造直线形假梁按墙柱面相应定额项目人工乘以系数 1.6，材料乘以系数 1.1，其余不变。

⑫天棚的零星装饰按墙柱面相应定额项目人工乘以系数 1.34，其余不变。

⑬本章保温层材料按 100 mm 厚编制，设计厚度与定额规定不同时，材料可以调整，其余不变。

⑭本章平面天棚和跌级天棚不包括灯光槽的制作安装。灯光槽制作安装应按本章相应

项目执行。

⑮木骨架、基层、面层的防火处理,按油漆、涂料、裱糊章节中相应项目执行。

⑯天棚装饰面层未包括各种收口条、装饰线条,发生时,按其他工程章节中定额相应项目执行。

⑰天棚开孔,套用相应的灯孔子目。

3)计算规则

①各种吊顶天棚龙骨按主墙间净空面积计算(多级造型、拱弧形、工艺穹顶天棚、斜平顶龙骨按设计展开面积计算),不扣除窗帘盒、检修孔、附墙烟囱、柱、垛和管道、灯槽、灯孔所占面积。

②天棚基层、面层按设计展开面积以"m^2"计算,不扣除窗帘盒、检修孔、附墙烟囱、柱、垛和管道、灯槽、灯孔所占面积,但应扣除单个面积在 0.3 m^2 以上的孔洞和独立柱所占的面积。

③采光棚按设计展开面积以"m^2"计算。

④楼梯底面的装饰工程量按设计展开面积以"m^2"计算。

⑤网架按水平投影面积以"m^2"计算。

⑥灯带、灯槽按延长米计算。

⑦灯孔、风口按个计算。

⑧保温层按设计展开面积以"m^2"计算。

4.3　天棚装饰工程案例分析

▶ 4.3.1　典型案例分析

【例4.1】　某工程现浇井字梁顶棚如图4.5所示,天棚抹 10 mm 厚1:1:4混合砂浆,梁板现浇,墙厚为240 mm。试计算天棚抹灰工程清单及定额工程量。

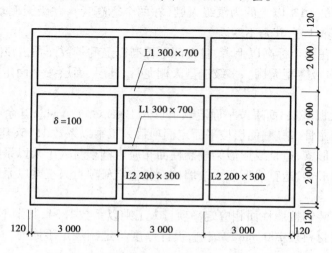

图4.5　现浇井字梁平面示意图

【解】 (1)列出清单项,计算清单工程量

●011301001001 天棚抹灰

$S = (9 - 0.24) \times (6 - 0.24) = 50.457\ 6(\text{m}^2)$

$S_{主梁侧} = [(9 - 0.24) \times (0.7 - 0.1)] \times 2 \times 2 = 21.024(\text{m}^2)$

$S_{次梁侧} = [(6 - 0.24 - 0.3 - 0.3) \times (0.3 - 0.1)] \times 2 \times 2 = 4.288(\text{m}^2)$

扣除:主梁与次梁交接处的面积 $= (0.3 - 0.1) \times 0.2 \times 2 \times 4 = 0.32(\text{m}^2)$

合计 $= 50.457\ 6 + 21.024 + 4.288 - 0.32 = 74.45(\text{m}^2)$

(2)列出定额项,计算定额工程量

●AL0137 混凝土面混合砂浆天棚抹灰

同清单工程量 $= 74.45\ \text{m}^2$

【例4.2】 某房间室内天棚吊顶装修做法,平面及立面尺寸如图4.6和图4.7所示,其中,天棚为装配式U形不上人型轻钢龙骨,方格为600 mm×600 mm,吊筋用φ8,基层用木夹板,面层用纸面石膏板,天棚面的阴、阳角线暂不考虑,混凝土楼板每层均为100 mm厚,墙厚为240 mm。试计算该天棚吊顶工程清单及定额工程量。

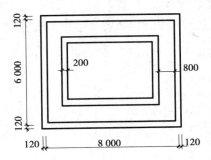

图4.6 天棚吊顶平面示意图 图4.7 天棚吊顶立面示意图

【解】 (1)列出清单项,计算清单工程量

●011302001001 吊顶天棚

$S = (6 - 0.12 \times 2) \times (8 - 0.12 \times 2) = 44.70\ (\text{m}^2)$

(2)列出定额项,计算定额工程量

●BC0012 装配式U形轻钢天棚龙骨(不上人型)

$S = (6 - 0.12 \times 2) \times (8 - 0.12 \times 2) = 44.70\ (\text{m}^2)$

●BC0061 木夹板天棚基层

$S = (6 - 0.12 \times 2) \times (8 - 0.12 \times 2) + [(6 - 0.12 \times 2 - 0.8 \times 2) + (8 - 0.12 \times 2 - 0.8 \times 2)] \times 2 \times 0.2 + [(6 - 0.12 \times 2 - 1 \times 2) + (8 - 0.12 \times 2 - 1 \times 2)] \times 2 \times 0.2 = 52.63(\text{m}^2)$

●BC0081 安装在U形轻钢龙骨上纸面石膏板天棚面层

同天棚基层定额工程量 $= 52.63\ \text{m}^2$

【例4.3】 某办公室顶棚装修,一级天棚平面如图4.8所示,木夹板窗帘盒宽200 mm、高400 mm,通长。吊顶做法:预制钢筋混凝土板底吊方木楞天棚龙骨,间距为450 mm×450 mm;龙骨上铺钉九夹板,面层粘贴6 mm厚铝塑板。天棚上开直径为100 mm筒灯孔10个,700 mm×500 mm格栅灯孔4个,墙厚为240 mm。试计算该天棚吊顶工程清单及定额工程量,并编制此分部分项工程量清单子目。

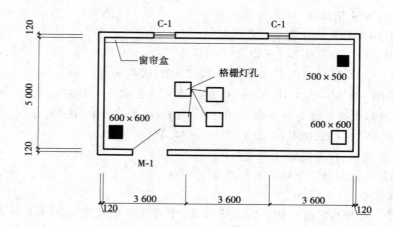

图 4.8　某一级天棚平面示意图

【解】　(1)列出清单项,计算清单工程量

●011302001001　吊顶天棚

$S = (3.6 \times 3 - 0.24) \times (5.0 - 0.24) - (3.6 \times 3 - 0.24) \times 0.20 - 0.6 \times 0.6 - 0.7 \times 0.5 \times 4 = 46.39(\text{m}^2)$

●011304001001　灯槽(格栅灯孔)

$0.7 \times 0.5 \times 4 = 1.4(\text{m}^2)$

●011304001002　灯槽(筒灯孔)

$3.14 \times 0.05 \times 0.05 \times 10 = 0.08(\text{m}^2)$

●011304002001　检修孔

1个

●010810002001　木窗帘盒

$3.6 \times 3 = 10.8(\text{m})$

(2)列出定额项,计算定额工程量

●BC0003　方木楞天棚龙骨

龙骨工程量 $= (3.6 \times 3 - 0.24) \times (5.0 - 0.24) = 50.27(\text{m}^2)$

●BC0059　九夹板天棚基层

基层工程量 $= (3.6 \times 3 - 0.24) \times (5.0 - 0.24) - 0.6 \times 0.6 = 49.91(\text{m}^2)$

●BC0075　贴在夹板基层上铝塑板面层

面层工程量 = 基层工程量 $= 49.91 \text{ m}^2$

●BC0136　格式灯孔(10个)

4个

●BC0137　筒灯孔(10个)

10个

●BC0141　检修孔(10个)

1个

●BF0089　木夹板窗帘盒(10 m)

$3.6 \times 3 = 10.8(\text{m})$

▶ **4.3.2   综合案例分析**

按某小区 B-1 户型样板间室内装修图计算。

1)轻钢龙骨石膏板天花批腻子造型天棚吊顶

(1)主卧室(跌级天棚)

①清单工程量。

$[2.16+(0.03+0.2)\times2]\times[2.46+(0.03+0.2)\times2]+0.53\times(1.9-0.05-0.02)+0.26\times(2.46+0.03\times2+0.2\times2+0.02)=9.38$(m²)

②定额工程量。

天棚吊顶轻钢龙骨工程量 $=[2.16+(0.03+0.2)\times2]\times[2.46+(0.03+0.2)\times2]+0.53\times(1.9-0.05-0.02)+0.26\times(2.46+0.03\times2+0.2\times2+0.02)=9.38$(m²)

天棚吊顶木工板基层工程量 $=[2.16+(0.03+0.2)\times2+2.46+(0.03+0.2)\times2]\times(2.65-2.45)=1.11$(m²)

天棚吊顶石膏板面层(搁在龙骨上)工程量 $=9.38$ m²

天棚吊顶石膏板面层(贴在木工板上)工程量 $=1.11$ m²

(2)主卧室飘窗

①清单工程量。

$(0.7+0.2-0.1-0.15)\times(0.6+1.5+0.7+0.2-0.1-0.15)=1.79$(m²)

②定额工程量。

轻钢龙骨工程量 $=(0.7+0.2-0.1-0.15)\times(0.6+1.5+0.7+0.2-0.1-0.15)+0.15\times(0.7+0.2-0.1+1.5+0.6+0.9-0.1-0.15)=2.32$(m²)

木工板基层工程量 $=0.15\times[(0.7+0.2-0.1-0.15+1.5)+(0.7+0.2-0.1-0.15+0.6)]+(0.15-0.03)\times(0.6+1.5)+0.03\times(0.6-0.03+1.5-0.03)+0.03\times(0.6+1.5)=0.89$(m²)

石膏板面层(搁在龙骨上)工程量 $=(0.7+0.2-0.1-0.15)\times(0.6+1.5+0.7+0.2-0.1-0.15)+0.15\times(0.7+0.2-0.1+1.5+0.6+0.9-0.1-0.15)-0.03\times(0.6+1.5)=2.26$(m²)

石膏板面层(贴在木工板上)工程量 $=$ 木工板基层工程量 $=0.89$ m²

(3)书房(跌级天棚)

①清单工程量。

$[2.19+(0.03+0.2)\times2+0.05]\times2.7=7.29$(m²)

②定额工程量。

轻钢龙骨工程量 $=$ 清单工程量 $=7.29+0.15\times2.7=7.70$(m²)

木工板基层工程量 $=0.15\times2.7+(2.65-2.45)\times[2.19+(0.03+0.2)\times2+0.05]=0.95$(m²)

石膏板面层(搁在龙骨上)工程量 $=7.29$ m²

石膏板面层(贴在木工板上)工程量 $=0.15\times2.7+(2.65-2.45)\times[2.19+(0.03+0.2)\times2+0.05]=0.95$(m²)

（4）客厅及餐厅

①清单工程量。

客厅、餐厅地面清单工程量 – 窗帘盒的面积 = 33.54 – 0.15 × (3.9 – 0.2) – [(2.1 – 0.1 × 2) × 0.9 – 1.6 × (2.9 – 0.1 × 2 – 0.9)] = 28.4 (m^2)

②定额工程量。

轻钢龙骨工程量 = 32.99 + 0.15 × (3.9 – 0.2) – [(2.1 – 0.1 × 2) × 0.9 + 1.6 × (2.9 – 0.1 × 2 – 0.9)] = 28.96 (m^2)

木工板基层工程量 = [6.73 + (0.03 + 0.2) × 2] × [(2.65 – 2.45) + (2.9 – 2.65) + (0.02 + 0.085) + 0.22] + (2.35 + 0.03 × 2 + 0.2 + 0.22) × (2.65 – 2.4) + 0.15 × (3.9 – 0.2) = 6.84 (m^2)

石膏板面层（搁在龙骨上）工程量 = 32.99 – [6.73 + (0.03 + 0.2) × 2] × 0.22 – [(2.1 – 0.1 × 2) × 0.9 + 1.6 × (2.9 – 0.1 × 2 – 0.9)] = 26.82 (m^2)

石膏板面层（贴在木工板上）工程量 = 木工板基层工程量 = 6.84 m^2

（5）厨房

①清单工程量。

(2.1 – 0.1 × 2) × 0.9 + 1.6 × (2.9 – 0.1 × 2 – 0.9) = 4.59 (m^2)

②定额工程量。

轻钢龙骨工程量 = (2.1 – 0.1 × 2) × 0.9 + 1.6 × (2.9 – 0.1 × 2 – 0.9) = 4.59 (m^2)

石膏板面层（搁在龙骨上）工程量 = 轻钢龙骨工程量 = 4.59 m^2

2）天棚轻钢龙骨埃特板吊顶

卫生间：

①清单工程量。

楼地面工程量 = 3.33 m^2

②定额工程量。

轻钢龙骨工程量 = 3.33 m^2

木工板基层工程量 = 3.33 m^2

埃特板面层工程量 = 3.33 m^2

3）景观阳台及生活阳台（平顶刮腻子）

①清单工程量。

楼地面工程量 = 5.46 + 2.38 = 7.84 (m^2)

②定额工程量 = 7.84 m^2。

4）PT-3 黑色乳胶漆

（1）主卧室

清单工程量 = (2.46 + 0.03 × 2) × (2.16 + 0.03 × 2) – 2.46 × 2.16 = 0.28 (m^2)

定额工程量 = 清单工程量 = 0.28 m^2

（2）书房

清单工程量 = (2.19 + 0.03 × 2) × (1.64 + 0.03 × 2) – 2.19 × 1.64 = 0.23 (m^2)

定额工程量 = 清单工程量 = 0.23 m^2

（3）客厅、餐厅及厨房

清单工程量 = $(2.35 + 0.03 \times 2) \times (6.73 + 0.03 \times 2) - 2.35 \times 6.73 = 0.55$（m²）

定额工程量 = 清单工程量 = 0.55 m²

5）PT-1 白色乳胶漆

（1）主卧室

清单工程量 = $9.38 + 1.11 - 0.28 = 10.21$（m²）

定额工程量 = 清单工程量 = 10.21 m²

（2）主卧室飘窗

清单工程量 = $2.26 + 0.89 - 0.15 \times (0.7 + 0.2 - 0.1 + 1.5 + 0.6 + 0.9 - 0.1 - 0.15) = 2.62$（m²）

定额工程量 = 清单工程量 = 2.62 m²

（3）书房

清单工程量 = $7.29 + 0.95 - 0.23 - 2.7 \times 0.15 = 7.61$（m²）

定额工程量 = 清单工程量 = 7.61 m²

（4）客厅、餐厅及厨房

清单工程量 = $31.41 + 6.84 - 0.55 - 3.7 \times 0.15 = 37.15$（m²）

定额工程量 = 清单工程量 = 37.15 m²

（5）景观阳台及生活阳台

清单工程量 = 7.84 m²

定额工程量 = 清单工程量 = 7.84 m²

6）PT-2 防水乳胶漆

卫生间：

清单工程量 = 3.33 m²

定额工程量 = 清单工程量 = 3.33 m²

7）灯带

客厅：

清单工程量 = $(6.73 + 0.03 \times 2 + 0.2 \times 2) \times 0.22 = 1.58$（m²）

定额工程量 = $6.73 + 0.03 \times 2 + 0.2 \times 2 = 7.19$（m）

8）窗帘盒及窗帘盒刷油漆

客厅、书房及主卧室

①清单工程量。

窗帘盒 = $3.7 + 2.7 + (0.6 + 0.7 + 0.2 - 0.1 + 1.5 + 0.7 + 0.2 - 0.1) = 10.10$（m）

窗帘盒刷油漆 = 10.10 m

②定额工程量。

窗帘盒 = 清单工程量 = 10.10 m

窗帘盒刷油漆 = $10.10 \times 2.04 = 20.60$（m）

5

门窗工程

5.1　门窗工程的基础知识

▶　5.1.1　门窗工程常用材料

根据《建设工程工程量清单计价规范》(GB 50500—2013)，门窗分类有木门，金属门，金属卷帘(闸)门,厂库房大门、特种门,其他门,木窗,金属窗,门窗套,窗台板,窗帘、窗帘盒、轨。

①木门:包括木质门、木质门带套、木质连窗门、木质防火门、木门框、门锁安装。

②金属门:包括金属(塑钢)门、彩钢板、钢质防火门、防盗门。

③金属卷帘(闸)门:包括金属卷帘(闸)门、防火卷帘(闸)门。

④厂库房大门、特种门:包括木板大门、钢木大门、全钢板大门、防护铁丝门、金属格栅门、钢质花饰大门、特种门。

⑤其他门:包括平开电子感应门、旋转门、电子对讲门、电动伸缩门、全玻自由门、镜面不锈钢饰面门。

⑥木窗:包括木质窗、木橱窗、木飘(凸)窗、木成品窗。

⑦金属窗:包括金属(塑钢、断桥)窗、金属防火窗、金属百叶窗、金属纱窗、金属格栅窗、金属(塑钢、断桥)橱窗、金属(塑钢、断桥)飘(凸)窗、彩板窗。

⑧门窗套:包括木门窗套、木筒子板、饰面夹板筒子板、金属门窗套、石材门窗套、门窗木贴脸、成品木门窗套。

⑨窗台板:包括木窗台板、铝塑窗台板、金属窗台板、石材窗台板。

⑩窗帘、窗帘盒、轨:包括窗帘(杆)、木窗帘盒、饰面夹板、塑料窗帘盒、铝合金窗帘盒、窗帘线。

木门窗材料可分为刨花板、实木颗粒板、实木合成板、实木板等。

金属门窗常用材料中有铝合金,其中铝合金常用牌号为 6061,6063,6063A 等,铝合金型材表面处理方式为阳极氧化、电泳涂漆、粉末喷漆、氟碳漆喷涂等。常用材料还有钢材,钢材表面处理方式通常为刷防锈漆、镀锌等。

木门窗和金属门窗中常用玻璃扇(玻璃门扇和玻璃窗扇)可分为钢化玻璃、夹胶玻璃、Low-E 玻璃等。

用于门窗的其他材料有胶条、防水密封胶、发泡剂等。

▶ ### 5.1.2 门窗工程构造及工艺

如图 5.1 所示,窗一般由窗框、窗扇、亮子、五金组成;如图 5.2、图 5.3 所示,门一般由门框、门扇、亮子、五金组成;图 5.4 为普通开门立面图。门窗在墙体的位置有墙中(也称立中)和偏里或偏外(也称偏口)等。

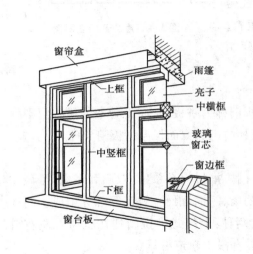

图 5.1 窗构造示意图

图 5.2 门构造示意图

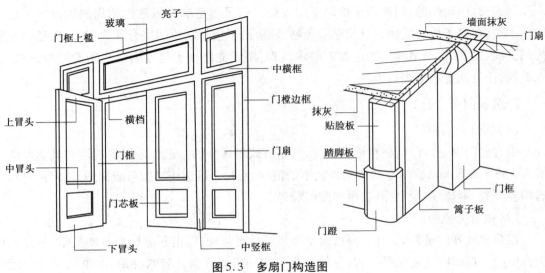

图 5.3 多扇门构造图

1)木门窗

(1)镶板门

镶板门又称冒头门、框档门,是广泛使用的一种门。门扇由边挺、上冒头、中冒头(可作数根)和下冒头组成骨架,内装门芯板而构成。门芯板通常用数块木板拼合而成,拼合时可用胶粘合或做成企口。镶板门构造简单、加工制作方便,适于一般民用建筑作内门和外门。

(2)夹板门

夹板门是用断面较小的方木做成骨架,两面粘贴面板而成。门扇面板可用胶合板、塑料面板和硬质纤维板,面板不再是骨架的负担,而是和骨架形成一个整体,共同抵抗变形。夹板门的形式可以是全夹板门、带玻璃或带百叶夹板门。由于夹板门构造简单,可利用小料、短料,自重轻,外形简洁,便于工业化生产,故在一般民用建筑中广泛应用。

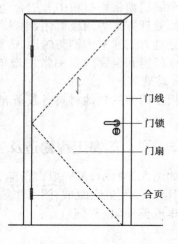

图 5.4　普通开门立面图

门线

门锁

门扇

合页

(3)拼板门

拼板门的门扇由骨架和条板组成。有骨架的拼板门称为拼板门,而无骨架的拼板门则称为实拼门。有骨架的拼板门又分为单面直拼门、单面横拼门和双面保温拼板门 3 种。

(4)推拉门

推拉门又称扯门,是目前装修中使用较多的一种门。推拉门有单扇、双扇和多扇,可藏在夹墙内,或贴在墙面上,占用空间较少。木推拉门由门扇、门框、滑轮、轨道等部分组成。同样也有铝合金推拉门。按滑行方式分上挂式和下滑式两种:上挂式推拉门挂在轨道上左右滑行,上轨道承受荷载;下滑式推拉门由下轨道承受荷载并沿下轨道滑行。

(5)门窗套、门窗贴脸、门窗筒子板

门窗套、门窗贴脸、门窗筒子板用于门窗框。筒子板是沿门窗框内侧周围加设的一层装饰性木板,在筒子板与墙接缝处用贴脸顶贴盖缝,筒子板与贴脸的组合即为门窗套;贴脸又称为门头线、窗头线,是沿樘子周边加钉的木线脚,用于盖住樘子与涂刷层之间的缝隙,使之整齐美观,还可加上木条线封边。

2)金属门窗

(1)铝合金门窗

铝合金门窗是以门窗框料截面宽度、开启方式等区分的。铝合金门窗选用的玻璃厚度一般为 5 mm 或 6 mm;窗纱应选用铝纱或不锈钢砂;密封条可选用橡胶条或橡塑条;密封材料可选用硅酮胶、聚硫胶、聚氨酯胶、丙烯酸酯胶等。

(2)铝合金地弹门

铝合金地弹门是弹簧门的一种,由于弹簧门装有弹簧,门扇开启后会自动关闭,因此也称为自由门。地弹门通常为平开式,一般分为单向开启和双向开启两种形式,单向弹簧门用单面弹簧或门顶弹簧,多为单扇门;双向弹簧门通常都为双扇门,用双面弹簧、门底弹簧、地弹簧等。采用地弹簧的称为地弹门。

(3)旋转门

目前旋转门均为金属旋转门,金属旋转门常称转门,有铝合金型材和型钢两类型钢结构。金属旋转门的构造组成包括门扇旋转轴、圆形转门顶、底座及轴承座、转门壁、活动门扇。

(4)卷帘门

卷帘门适用于商店、仓库或其他洞口高大的门,包括卷帘板、导轨及传动装置等。卷帘板的形式主要有叶片和空格两种,其中叶片式适用较多。叶片式帘板用铝合金板、镀锌钢板或不锈钢板轧制而成。帘板的下部采用钢板或角钢,便于安装门锁,增加卷帘门刚度。帘板的上部与卷筒连接,便于开启,叶板沿门洞两侧的轨道上升,卷在卷筒内。

(5)铝合金平开窗

铝合金平开窗目前多为单扇和双扇,分带上亮和不带上亮、带顶窗和带侧亮等形式。平开窗由窗框、窗扇、压条、拼角等铝合金型材,以及玻璃、执手、拉把和密封材料等组成。

3)五金配件

(1)木门五金

木门五金包括折页、插销、门碰珠、弓背拉手、搭扣、弹簧折页、管子拉手、地弹簧、门扎头、铁角等。

(2)木窗五金

木窗五金包括折页、插销、风钩、木螺丝、滑轮、滑轨等。

(3)铝合金门五金

铝合金门五金包括地弹簧、门锁、拉手、门插、门铰、螺丝等。

(4)铝合金窗五金

铝合金窗五金包括卡锁、滑轮、铰拉、执手、拉把、拉手、风撑、角码、牛角制等。

(5)金属门五金

金属门五金包括执手插锁、球形执手锁、门扎头、地锁、防盗门扣、门眼、门碰珠、电子锁、闭门器、装饰拉手等。

5.2 门窗工程工程量计算

▶ 5.2.1 2013清单计算规则及相关规定

1)概况

《房屋建筑与装饰工程工程量计算规范》(GB 50854—2013)附录 H 门窗工程共列 10 节55 个项目,包括:木门,金属门,金属卷帘(闸)门,厂库房大门、特种门,其他门,木窗,金属窗,门窗套,窗台板,窗帘、窗帘盒、轨 10 节内容。

2)2013 清单计算规则及相关规定

门窗工程工程量计算按《房屋建筑与装饰工程工程量计算规范》(GB 50854—2013)执行。

①木门工程量清单项目的设置、项目特征描述的内容、计量单位及工程量计算规则应按表 H.1 的规定执行。

表 H.1 木门(编码:010801)

项目编码	项目名称	项目特征	计量单位	工程量计算规则	工作内容
010801001	木质门	1. 门代号及洞口尺寸 2. 镶嵌玻璃品种、厚度	1. 樘 2. m²	1. 以樘计量,按设计图示数量计算 2. 以 m² 计量,按设计图示洞口尺寸以面积计算	1. 门安装 2. 玻璃安装 3. 五金安装
010801002	木质门带套				
010801003	木质连窗门				
010801004	木质防火门				
010801005	木门框	1. 门代号及洞口尺寸 2. 框截面尺寸 3. 防护材料种类	1. 樘 2. m	1. 以樘计量,按设计图示数量计算 2. 以 m 计量,按设计图示框的中心线以延长米计算	1. 木门框制作、安装 2. 运输 3. 刷防护材料
010801006	门锁安装	1. 锁品种 2. 锁规格	1. 个 2. 套	按设计图示数量计算	安装

注:①木质门应区分镶板木门、企口木板门、实木装饰门、胶合板门、夹板装饰门、木纱门、全玻门(带木质扇框)、木质半玻门(带木质扇框)等项目,分别编码列项。

②木门五金应包括:折页、插销、门碰珠、弓背拉手、搭机、木螺丝、弹簧折页(自动门)、管子拉手(自由门、地弹门)、地弹簧(地弹门)、角铁、门轧头(地弹门、自由门)等。

③木质门带套计量按洞口尺寸以面积计算,不包括门套的面积,但门套应计算在综合单价中。

④以樘计量,项目特征必须描述洞口尺寸;以 m² 计量,项目特征可不描述洞口尺寸。

⑤单独制作安装木门框按木门框项目编码列项。

②金属门工程量清单项目的设置、项目特征描述的内容、计量单位及工程量计算规则应按表 H.2 的规定执行。

表 H.2　金属门(编码:010802)

项目编码	项目名称	项目特征	计量单位	工程量计算规则	工作内容
010802001	金属(塑钢)门	1.门代号及洞口尺寸 2.门框或扇外围尺寸 3.门框、扇材质 4.玻璃品种、厚度	1.樘 2.m²	1.以樘计量,按设计图示数量计算 2.以 m² 计量,按设计图示洞口尺寸以面积计算	1.门安装 2.玻璃安装 3.五金安装
010802002	彩板门	1.门代号及洞口尺寸 2.门框或扇外围尺寸			
010802003	钢质防火门	1.门代号及洞口尺寸 2.门框或扇外围尺寸 3.门框、扇材质			1.门安装 2.五金安装
010802004	防盗门				

注:①金属门应区分金属平开门、金属推拉门、金属地弹门、全玻门(带金属扇框)、金属半玻门(带扇框)等项目,分别编码列项。

②铝合金门五金包括:地弹簧、门锁、拉手、门插、门铰、螺丝等。

③金属门五金包括:L 形执手插锁(双舌)、执手锁(单舌)、门轨头、地锁、防盗门机、门眼(猫眼)、门碰珠、电子锁(磁卡锁)、闭门器、装饰拉手等。

④以樘计量,项目特征必须描述洞口尺寸,没有洞口尺寸必须描述门框或扇外围尺寸;以 m² 计量,项目特征可不描述洞口尺寸及框、扇的外围尺寸。

⑤以 m² 计量,无设计图示洞口尺寸,按门框、扇外围以面积计算。

③金属卷帘(闸)门工程量清单项目的设置、项目特征描述的内容、计量单位及工程量计算规则应按表 H.3 的规定执行。

表 H.3　金属卷帘(闸)门(编码:010803)

项目编码	项目名称	项目特征	计量单位	工程量计算规则	工作内容
010803001	金属卷帘(闸)门	1.门代号及洞口尺寸 2.门材质 3.启动装置品种、规格	1.樘 2.m²	1.以樘计量,按设计图示数量计算 2.以 m² 计量,按设计图示洞口尺寸以面积计算	1.门运输、安装 2.启动装置、活动小门、五金安装
010803002	防火卷帘(闸)门				

注:以樘计量,项目特征必须描述洞口尺寸;以 m² 计量,项目特征可不描述洞口尺寸。

④厂库房大门、特种门工程量清单项目的设置、项目特征描述的内容、计量单位及工程量计算规则应按表 H.4 的规定执行。

表 H.4　厂库房大门、特种门(编码:010804)

项目编码	项目名称	项目特征	计量单位	工程量计算规则	工作内容
010804001	木板大门	1. 门代号及洞口尺寸 2. 门框或扇外围尺寸 3. 门框、扇材质 4. 五金种类、规格 5. 防护材料种类	1. 樘 2. m²	1. 以樘计量,按设计图示数量计算 2. 以 m² 计量,按设计图示洞口尺寸以面积计算	1. 门(骨架)制作、运输 2. 门、五金配件安装 3. 刷防护材料
010804002	钢木大门				
010804003	全钢板大门				
010804004	防护铁丝门			1. 以樘计量,按设计图示数量计算 2. 以 m² 计量,按设计图示门框或扇以面积计算	
010804005	金属格栅门	1. 门代号及洞口尺寸 2. 门框或扇外围尺寸 3. 门框、扇材质 4. 启动装置的品种、规格		1. 以樘计量,按设计图示数量计算 2. 以 m² 计量,按设计图示洞口尺寸以面积计算	1. 门安装 2. 启动装置、五金配件安装
010804006	钢质花饰大门	1. 门代号及洞口尺寸 2. 门框或扇外围尺寸 3. 门框、扇材质		1. 以樘计量,按设计图示数量计算 2. 以 m² 计量,按设计图示门框或扇以面积计算	1. 门安装 2. 五金配件安装
010804007	特种门			1. 以樘计量,按设计图示数量计算 2. 以 m² 计量,按设计图示洞口尺寸以面积计算	

注:①特种门应区分冷藏门、冷冻间门、保温门、变电室门、隔音门、防射线门、人防门、金库门等项目,分别编码列项。

②以樘计量,项目特征必须描述洞口尺寸,没有洞口尺寸必须描述门框或扇外围尺寸;以 m² 计量,项目特征可不描述洞口尺寸及框、扇的外围尺寸。

③以 m² 计量,无设计图示洞口尺寸,按门框、扇外围以面积计算。

⑤其他门工程量清单项目的设置、项目特征描述的内容、计量单位及工程量计算规则应按表 H.5 的规定执行。

表 H.5　其他门(编码:010805)

项目编码	项目名称	项目特征	计量单位	工程量计算规则	工作内容
010805001	电子感应门	1. 门代号及洞口尺寸 2. 门框或扇外围尺寸 3. 门框、扇材质 4. 玻璃品种、厚度 5. 启动装置的品种、规格 6. 电子配件品种、规格	1. 樘 2. m²	1. 以樘计量,按设计图示数量计算 2. 以 m² 计量,按设计图示洞口尺寸以面积计算	1. 门安装 2. 启动装置、五金、电子配件安装
010805002	旋转门				

项目编码	项目名称	项目特征	计量单位	工程量计算规则	工作内容
010805003	电子对讲门	1. 门代号及洞口尺寸 2. 门框或扇外围尺寸 3. 门材质	1. 樘 2. m²	1. 以樘计量，按设计图示数量计算 2. 以 m² 计量，按设计图示洞口尺寸以面积计算	1. 门安装 2. 启动装置、五金、电子配件安装
010805004	电动伸缩门	4. 玻璃品种、厚度 5. 启动装置的品种、规格 6. 电子配件品种、规格			
010805005	全玻自由门	1. 门代号及洞口尺寸 2. 门框或扇外围尺寸 3. 框材质 4. 玻璃品种、厚度			1. 门安装 2. 五金安装
010805006	镜面不锈钢饰面门	1. 门代号及洞口尺寸 2. 门框或扇外围尺寸 3. 框、扇材质 4. 玻璃品种、厚度			
010805007	复合材料门				

注：①以樘计量，项目特征必须描述洞口尺寸，没有洞口尺寸必须描述门框或扇外围尺寸；以 m² 计量，项目特征可不描述洞口尺寸及框、扇的外围尺寸。

②以 m² 计量，无设计图示洞口尺寸，按门框、扇外围以面积计算。

⑥木窗工程量清单项目的设置、项目特征描述的内容、计量单位及工程量计算规则应按表 H.6 的规定执行。

表 H.6　木窗（编码:010806）

项目编码	项目名称	项目特征	计量单位	工程量计算规则	工作内容
010806001	木质窗	1. 窗代号及洞口尺寸 2. 玻璃品种、厚度	1. 樘 2. m²	1. 以樘计量，按设计图示数量计算 2. 以 m² 计量，按设计图示洞口尺寸以面积计算	1. 窗安装 2. 五金、玻璃安装
010806002	木飘(凸)窗			1. 以樘计量，按设计图示数量计算 2. 以 m² 计量，按设计图示尺寸以框外围展开面积计算	1. 窗制作、运输、安装 2. 五金、玻璃安装 3. 刷防护材料
010806003	木橱窗	1. 窗代号 2. 框截面及外围展开面积 3. 玻璃品种、厚度 4. 防护材料种类			
010801004	木纱窗	1. 窗代号及框的外围尺寸 2. 窗纱材料品种、规格		1. 以樘计量，按设计图示数量计算 2. 以 m² 计量，按框的外围尺寸以面积计算	1. 窗安装 2. 五金安装

注：①木质窗应区分木百叶窗、木组合窗、木天窗、木固定窗、木装饰空花窗等项目，分别编码列项。

②以樘计量，项目特征必须描述洞口尺寸，没有洞口尺寸必须描述窗框外围尺寸；以 m² 计量，项目特征可不描述洞口尺寸及框的外围尺寸。

③以 m² 计量，无设计图示洞口尺寸，按窗框外围以面积计算。

④木橱窗、木飘(凸)窗以樘计量，项目特征必须描述框截面及外围展开面积。

⑤木窗五金包括：折页、插销、风钩、木螺丝、滑轮滑轨(推拉窗)等。

⑦金属窗工程量清单项目的设置、项目特征描述的内容、计量单位及工程量计算规则应按表 H.7 的规定执行。

表 H.7　金属窗(编码:010807)

项目编码	项目名称	项目特征	计量单位	工程量计算规则	工作内容
010807001	金属(塑钢、断桥)窗	1.窗代号及洞口尺寸 2.框、扇材质 3.玻璃品种、厚度		1.以樘计量,按设计图示数量计算 2.以 m² 计量,按设计图示洞口尺寸以面积计算	1.窗安装 2.五金、玻璃安装
010807002	金属防火窗				
010807003	金属百叶窗				
010807004	金属纱窗	1.窗代号及框的外围尺寸 2.框材质 3.窗纱材料品种、规格	1.樘 2.m²	1.以樘计量,按设计图示数量计算 2.以 m² 计量,按框外围尺寸以面积计算	1.窗安装 2.五金安装
010807005	金属格栅窗	1.窗代号及洞口尺寸 2.框外围尺寸 3.框、扇材质		1.以樘计量,按设计图示数量计算 2.以 m² 计量,按设计图示洞口尺寸以面积计算	1.窗安装 2.五金安装
010807006	金属(塑钢、断桥)橱窗	1.窗代号 2.框外围展开面积 3.框、扇材质 4.玻璃品种、厚度 5.防护材料种类		1.以樘计量,按设计图示数量计算 2.以 m² 计量,按设计图示尺寸及框外围展开面积计算	1.窗制作、运输、安装 2.五金、玻璃安装 3.刷防护材料
010807007	金属(塑钢、断桥)飘(凸)窗	1.窗代号 2.框外围展开面积 3.框、扇材质 4.玻璃品种、厚度			
010807008	彩板窗	1.窗代号及洞口尺寸 2.框外围尺寸 3.框、扇材质 4.玻璃品种、厚度		1.以樘计量,按设计图示数量计算 2.以 m² 计量,按设计图示洞口尺寸及框外围以面积计算	1.窗安装 2.五金、玻璃安装
010807009	复合材料窗				

注:①金属窗应区分金属组合窗、防盗窗等项目,分别编码列项。
　　②以樘计量,项目特征必须描述洞口尺寸,没有洞口尺寸必须描述窗框外围尺寸;以 m² 计量,项目特征可不描述洞口尺寸及框的外围尺寸。
　　③以 m² 计量,无设计图示洞口尺寸,按窗框外围以面积计算。
　　④金属橱窗、飘(凸)窗以樘计量,项目特征必须描述框外围展开面积。
　　⑤金属窗五金包括:折页、螺丝、执手、卡锁、铰拉、风撑、滑轮、滑轨、拉把、拉手、角码、牛角制等。

⑧门窗套工程量清单项目的设置、项目特征描述的内容、计量单位及工程量计算规则应按表 H.8 的规定执行。

表 H.8　门窗套(编码:010808)

项目编码	项目名称	项目特征	计量单位	工程量计算规则	工作内容
010808001	木门窗套	1. 窗代号及洞口尺寸 2. 门窗套展开宽度 3. 基层材料种类 4. 面层材料品种、规格 5. 线条品种、规格 6. 防护材料种类	1. 樘 2. m² 3. m	1. 以樘计量,按设计图示数量计算 2. 以 m² 计量,按设计图示尺寸以展开面积计算 3. 以 m 计量,按设计图示中心以延长米计算	1. 清理基层 2. 立筋制作、安装 3. 基层板安装 4. 面层铺贴 5. 线条安装 6. 刷防护材料
010808002	木筒子板	1. 筒子板宽度 2. 基层材料种类 3. 面层材料品种、规格 4. 线条品种、规格 5. 防护材料种类			
010808003	饰面夹板筒子板				
010808004	金属门窗套	1. 窗代号及洞口尺寸 2. 门窗套展开宽度 3. 基层材料种类 4. 面层材料品种、规格 5. 防护材料种类			1. 清理基层 2. 立筋制作、安装 3. 基层板安装 4. 面层铺贴 5. 刷防护材料
010808005	石材门窗套	1. 窗代号及洞口尺寸 2. 门窗套展开宽度 3. 黏结层厚度、砂浆配合比 4. 面层材料品种、规格 5. 线条品种、规格			1. 清理基层 2. 立筋制作、安装 3. 基层抹灰 4. 面层铺贴 5. 线条安装
010808006	门窗木贴脸	1. 门窗代号及洞口尺寸 2. 贴脸板宽度 3. 防护材料种类	1. 樘 2. m	1. 以樘计量,按设计图示数量计算 2. 以 m 计量,按设计图示尺寸以延长米计算	贴脸板安装
010808007	成品木门窗套	1. 门窗代号及洞口尺寸 2. 门窗套展开宽度 3. 门窗套材料品种、规格	1. 樘 2. m² 3. m	1. 以樘计量,按设计图示数量计算 2. 以 m² 计量,按设计图示尺寸以展开面积计算 3. 以 m 计量,按设计图示中心以延长米计算	1. 清理基层 2. 立筋制作、安装 3. 板安装

注:①以樘计量,项目特征必须描述洞口尺寸、门窗套展开宽度。

②以 m² 计量,项目特征可不描述洞口尺寸、门窗套展开宽度。

③以 m 计量,项目特征必须描述门窗套展开宽度、筒子板及贴脸宽度。

⑨窗台板工程量清单项目的设置、项目特征描述的内容、计量单位及工程量计算规则应按表 H.9 的规定执行。

表 H.9 窗台板(编码:010809)

项目编码	项目名称	项目特征	计量单位	工程量计算规则	工作内容
010809001	木窗台板	1. 基层材料种类 2. 窗台面板材质、规格、颜色 3. 防护材料种类	m^2	按设计图示尺寸以展开面积计算	1. 基层清理 2. 基层制作、安装 3. 窗台板制作、安装 4. 刷防护材料
010809002	铝塑窗台板				
010809003	金属窗台板				
010809004	石材窗台板	1. 黏结层厚度、砂浆配合比 2. 窗台板材质、规格、颜色			1. 基层清理 2. 抹找平层 3. 窗台板制作、安装

⑩窗帘、窗帘盒、轨工程量清单项目的设置、项目特征描述的内容、计量单位及工程量计算规则应按表 H.10 的规定执行。

表 H.10 窗帘、窗帘盒、轨(编码:010810)

项目编码	项目名称	项目特征	计量单位	工程量计算规则	工作内容
010810001	窗帘	1. 窗帘材质 2. 窗帘高度、宽度 3. 窗帘层数 4. 带幔要求	1. m 2. m^2	1. 以 m 计量,按设计图示尺寸以长度计算 2. 以 m^2 计量,按图示尺寸以成活后展开面积计算	1. 制作、运输 2. 安装
010810002	木窗帘盒	1. 窗帘盒材质、规格 2. 防护材料种类	m	按设计图示尺寸以长度计算	1. 制作、运输、安装 2. 刷防护材料
010810003	饰面夹板、塑料窗帘盒				
010810004	铝合金窗帘盒				
010810005	窗帘轨	1. 窗帘轨材质、规格 2. 轨的数量 3. 防护材料种类			

注:①窗帘若是双层,项目特征必须描述每层材质。
②窗帘以 m 计量,项目特征必须描述窗帘高度和宽。

▶ 5.2.2 重庆 2008 定额计算规则及相关规定

门窗工程工程量计算按《重庆市装饰工程计价定额》(CQZSDE—2008)执行。

1)概况

《重庆市装饰工程计价定额》(CQZSDE—2008)第四章门窗工程共列 13 节 109 个子目,包括:铝合金门窗制作、安装,铝合金门窗(成品)安装,塑钢门窗安装,卷闸门安装,防护金属门窗安装,防火门安装,电子感应自动门及转门,不锈钢电动伸缩门、无框玻璃门、固定无框玻璃窗,门窗框、套制作安装,装饰门扇制作,木门扇上包金属面、软包面,门扇安装、五金安装,闭门器安装。

2)说明

①本章铝合金门窗制作、安装是按现场制作编制的。铝合金百叶窗制作安装按单孔叶片型材制定,若实际采用双孔叶片制作,人工乘以系数1.20,未计价材料按实调整,其余不变。

②铝合金门窗地弹门、平开门、平开窗、推拉窗、固定窗、百叶窗是按42系列编制的,如实际采用的规格不同时,未计价材料按实调整,其余不变。

③铝合金门窗制作、安装项目中已含五金配件安装,五金配件材料按实计算。

④装饰木门扇制作:

a.装饰木门扇包括:木门扇制作,木门扇面贴木饰面胶合板、包不锈钢板、软包面。

b.双面贴饰面板实心基层门扇是按木夹板三层粘贴编制的,如设计为木夹板二层粘贴时,未计价材料按实调整,其余不变。

c.局部或半截门扇和格栅门扇制作项目中,面板是按整片开洞考虑的,如不同时,未计价材料按实调整,其余不变。

d.如门、窗套上设计有雕花饰件、装饰线条灯,按相应定额子目执行。

e.门扇装饰面板为拼花、拼纹时,按相应定额子目的人工乘以系数1.45,未计价材料按实计算,其余不变。

f.装饰木门设计有特殊要求时,未计价材料按实调整,其余不变。

g.若门套基层、饰面板为拱、弧形时,按相应定额子目的人工乘以系数1.30,未计价材料按实调整,其余不变。

⑤门扇安装按门扇的开启方式套用相应定额子目。

⑥电动伸缩门含量不同时,其伸缩门及轨道允许换算;打凿混凝土工程量另行计算。

3)计算规则

①铝合金门窗、塑钢门窗、防火门安装均按洞口面积以"m²"计算。

②卷闸门安装按洞口卷筒高度(顶)加600 mm乘以设计宽度以"m²"计算。电动装置、手动装置安装以套计算,小门安装以扇计算,小门面积不扣除,卷筒盒子不含在内,另行计算。

③防护门、防护窗按设计展开面积以"m²"计算。

④电子感应门、转门、电动伸缩门均以樘计算;电磁感应装置以套计算。

⑤无框全玻璃门、固定无框玻璃窗以门窗扇外围面积以"m²"计算。

⑥不锈钢板、铝塑板包门窗、木门窗套按展开面积以"m²"计算。门窗套线以延长米计算。

⑦装饰门扇制作、木门扇面贴木饰面胶合板、包不锈钢板、软包面以门扇外围面积以"m²"计算。

⑧门扇、五金安装:

a.装饰门以扇计算;

b.吊装滑动门轨以延长米计算;

c.各种锁以把计算；

d.插销、门扣、门拉手以副计算；

e.门眼(猫眼)、地弹簧、门夹以个计算；

f.定门器、闭门器安装以套计算。

5.3　门窗工程案例分析

▶ 5.3.1　典型案例分析

某阳台用仿原木色铝合金门联窗,如图5.5所示,门为单扇全玻平开,外框为38系列,双层普通玻璃5 mm;窗为双扇推拉窗,外框为90系列1.5 mm厚,双层普通玻璃5 mm。门安装球形执手锁。试计算该铝合金门联窗工程量。

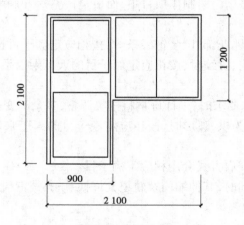

图5.5　例5.1图

【解】　(1)门联窗工程量

●010802001001 金属(塑钢)门

清单工程量(按樘数计算):门连窗1樘

清单工程量(按 m^2 计算) $= 2.1 \times 0.9 + 1.2 \times (2.1 - 0.9) = 3.33(m^2)$

●DB0031 铝合金平开门(成品)安装;BD0034 铝合金推拉窗(成品)安装

定额工程量 $= 2.1 \times 0.9 + 1.2 \times (2.1 - 0.9) = 3.33(m^2)$

(2)门联窗套工程量

●010808004001 金属门窗套

清单工程量 $= 2.1 \times 2 + 2.1 \times 2 = 8.4(m)$

●BD0060 铝塑门窗套

定额工程量 $= 2.1 \times 2 + 2.1 \times 2 = 8.4(m)$

► **5.3.2 综合案例分析**

按某小区 B-1 户型样板间室内装修图计算。

(1)门工程量

清单工程量(按樘数计算):入户门 1 樘,厨房生活阳台门联窗 1 樘,卫生间门 1 樘,卧室门 1 樘,书房门 1 樘,观景阳台滑门 1 樘。

清单工程量(按 m^2 计算)$= 2.4 \times 1 + (0.8 \times 2.1 + 0.6 \times 1.4) + 0.76 \times 2.4 + 2.4 \times 0.86 \times 2 + 2.4 \times 2.4 = 16.632(m^2)$

定额工程量 $= 2.4 \times 1 + (0.8 \times 2.1 + 0.6 \times 1.4) + 0.76 \times 2.4 + 2.4 \times 0.86 \times 2 + 2.4 \times 2.4 = 16.632(m^2)$

其中,某些门在图纸上未体现出来,如卧室门、书房门。

(2)窗工程量

清单工程量(按樘数计算):卫生间高窗 1 樘,主卧室飘窗 1 樘,书房窗户 1 樘。

清单工程量(按 m^2 计算)$= 0.7 \times 0.9 + 3.9 \times 1.9 + 1.5 \times 1.1 = 9.69(m^2)$

定额工程量 $= 0.7 \times 0.9 + 3.9 \times 1.9 + 1.5 \times 1.1 = 9.69(m^2)$

(3)黑色不锈钢镜面门套(包括入户门、卧室门、书房门、厨房门)工程量

清单工程量 $= 2.4 \times 4 + 0.86 \times 2 + 0.8 + 2.1 \times 2 + 1 + 2.4 \times 2 = 22.12(m)$

定额工程量 $= (0.02 \times 2 + 0.05 \times 2 + 0.01 + 0.05 + 0.1) \times (2.4 \times 4 + 0.86 \times 2) + (0.02 \times 2 + 0.05 \times 2 + 0.01 + 0.05 + 0.2) \times (0.8 + 2.1 \times 2 + 1 + 2.4 \times 2) = 7.716(m^2)$

(4)黑色不锈钢镜面窗套工程量(客厅 5 mm 清波框)

清单工程量 $= 1.53 \times 2 + 2.52 \times 2 = 8.1(m)$

定额工程量 $= (0.05 \times 2 + 0.02 \times 4 + 0.2) \times 8.1 = 3.078(m^2)$

油漆、涂料、裱糊工程

6.1　油漆、涂料、裱糊工程的基础知识

▶ 6.1.1　油漆、涂料、裱糊工程常用材料

1）油漆、涂料

油漆、涂料是一种胶体液态混合剂,主要由胶黏剂、溶剂(稀释剂)、颜料、催干剂、增韧剂等材料组成。

油漆、涂料从材料性能上分为油质和水质两大类,其中水质涂料一般用于抹灰面或混凝土面的粉刷。常用的油漆、涂料有清油、清漆、调和漆、防锈漆、乳胶漆等。

（1）油漆

根据基层的不同,有木材面油漆、金属面油漆、抹灰面油漆等种类;根据成分的不同,可分为天然漆和人造漆两大类。

天然漆:又称大漆,有生漆、熟漆之分。生漆有毒,漆膜粗糙,很少直接使用,经加工成熟漆或改性后制成各种精制漆。熟漆适于在潮湿环境中干燥,所生成的漆膜光泽好、坚韧、稳定性高、耐酸性强,但干燥慢。经改性的快干推光漆、提庄漆等毒性低,漆膜坚韧,可喷可刷,施工方便,耐酸、耐水,适于高级涂装。

人造漆:调和漆、清漆、磁漆、防锈漆等。

①调和漆:是最常用的一种油漆。质地较软,均匀,稀稠适度,耐腐蚀,耐晒,长久不裂,遮

盖力强,耐久性好,施工方便。它分油性调和漆和磁性调和漆两种,后者现名多丹调和漆。在室内适宜用磁性调和漆,这种调和漆比油性调和漆好,漆膜较硬、光亮平滑,但耐候性较油性调和漆差。

②清漆:分油基清漆和树脂清漆两大类,是一种不含颜料的透明涂料。

a.酯胶清漆:又称耐水清漆。漆膜光亮,耐水性好,但光泽不持久,干燥性差。适宜于木制家具、门窗、板壁的涂刷和金属表面的罩光。

b.酚醛清漆:俗称永明漆。干燥较快,漆膜坚韧耐久,光泽好,耐热、耐水、耐弱酸碱;缺点是漆膜易泛黄、较脆。适用于木制家具门窗、板壁的涂刷和金属表面的罩光。

c.醇酸清漆:又称三宝漆。这种漆的附着力、光泽度、耐久性比前两种好,干燥快、硬度高,可抛光、打磨,色泽光亮;但膜脆,耐热、抗大气性较差。适宜于涂刷室内门窗、地面、家具等。

d.硝基清漆:又称清喷漆、腊克。具有干燥快、坚硬、光亮、耐磨、耐久等特点,是一种高级涂料,适宜于木材、金属表面的涂覆装饰,用于高级门窗、板壁、扶手。

e.虫胶清漆:又名泡立水、酒精凡立水,也简称漆片。它是用虫胶片溶于95%以上的酒精中制得的溶液。这种漆使用方便,干燥快,漆膜坚硬光亮;缺点是耐水性、耐候性差,日光暴晒会失光,热水浸烫会泛白。一般用于室内木器家具的涂饰。

f.丙烯酸清漆:它可常温干燥,具有良好的耐候性、耐光性、耐热性、防霉性及附着力,但耐汽油性较差。适宜于喷涂经阳极氧化处理过的铝合金表面。

③磁漆:和调和漆一样,也是一种色漆,但是在清漆的基础上加入无机颜料制成。因漆膜光亮、平整、细腻、坚硬,外观类似陶瓷或搪瓷。磁漆色彩丰富,附着力强。根据使用要求,可在磁漆中加入不同剂量的消光剂,制得半光或无光磁漆。常用的品种有酚醛磁漆和醇酸磁漆。适宜于涂饰室内外的木材、金属表面、家具及木装修等。

④防锈漆:是一种可保护金属表面免受大气、海水等化学或电化学腐蚀的涂料。主要分为物理性和化学性防锈漆两大类。前者靠颜料和漆料的适当配合,形成致密的漆膜以阻止腐蚀性物质的侵入,如铁红、铝粉、石墨防锈漆等;后者靠防锈颜料的化学抑锈作用,如红丹、锌黄防锈漆等。防锈漆用于桥梁、船舶、管道等金属的防锈。

⑤沥青漆:是以煤焦油沥青以及煤焦油为主要原料,加入稀释剂、改性剂、催干剂等有机溶剂组成。主要原料的配比一般因气候、温度和使用环境的不同而不同。改性剂的使用按需求不同进行添加。

沥青漆适用于高温、湿、化学、空气污染及海边盐分高等易于腐蚀环境的钢铁结构、电化铁路系统、船舶、桥梁及各类镀锌器材铁管、镀锌钢架构造物的防护。多用于地下管道防腐工程。

(2)涂料

水质涂料种类:石灰浆、大白浆、可赛银、水泥色浆、聚合物水泥浆、水溶性有机硅。

按化学成分为无机高分子涂料和有机高分子涂料,其中有机高分子涂料又分为溶剂型涂料、水乳型涂料、干粉型涂料等。

溶剂型涂料:以有机溶剂分散介质的涂料,均称为溶剂型涂料。

水乳型涂料:是用水分散介质的涂料,不含溶剂(如乳胶漆)。

干粉型涂料:干粉涂料均不含甲醛,无毒无味;加水即用,易刮批,省工省料,是最新的环保装饰产品;不起皮、不脱落、不吸灰、不返黄,防裂、防霉、抗碱。有普通和防水,适于内外墙的装饰。防水干粉涂料又是淘汰仿瓷和刚化涂料的替代品,硬如刚,亮如镜(如硅藻泥)。

2)裱糊

裱糊是将壁纸、锦缎织物裱贴于墙面的一种装饰方法。其常用材料有壁纸、锦缎织物(墙布)。

▶ **6.1.2 油漆、涂料、裱糊工程构造及施工工艺**

1)油漆、涂料施工工艺

油漆、涂料施工工艺流程如下:基层处理→刷底油→刮腻子→磨光→涂刷油漆、涂料(刷涂、喷涂、擦涂)。

2)各种基层油漆等级划分及其组成

各种基层油漆等级划分及其组成见表6.1。

表6.1 各种基层油漆等级划分及其组成

基层种类	油漆名称	油漆等级		
		普通	中级	高级
木材面	混色油漆	底层:干性油 面层:一遍厚漆	底层:干性油 面层:一遍厚漆 一遍调和漆	底层:干性油 面层:一遍厚漆 两遍调和漆 一遍树脂漆
	清漆		底层:酯胶清漆 面层:酯胶清漆	底层:酚醛清漆 面层:酚醛清漆
金属面	混色油漆	底层:防锈漆 面层:防锈漆	底层:防锈漆 面层:一遍厚漆 一遍调和漆	
抹灰面	混色油漆		底层:干性油 面层:一遍厚漆 一遍调和漆	底层:干性油 面层:一遍厚漆 一遍调和漆 一遍无光漆

3)涂料施工

涂料施工有刷涂、喷涂、滚涂、弹涂、抹涂等形式。

4)裱糊

裱糊的主要工序如下:清扫基层→填补缝隙、接缝处贴接缝带、补找腻子→磨砂纸、满刮腻子磨平→涂刷防潮剂、涂刷打底涂料(清油)→壁纸浸水→基层涂刷黏结剂、壁纸涂刷黏结剂→裱糊→擦净胶水、清理修整。

6.2　油漆、涂料、裱糊工程工程量计算

▶ 6.2.1　2013清单计算规则及相关规定

1)概况

《房屋建筑与装饰工程工程量计算规范》(GB 50854—2013)附录P油漆、涂料、裱糊工程共列8节36个项目,包括:门油漆,窗油漆,木扶手及其他板条、线条油漆,木材面油漆,金属面油漆,抹灰面油漆,喷刷涂料,裱糊8节内容。

2)2013清单计算规则及相关规定

油漆、涂料、裱糊工程工程量计算按《房屋建筑与装饰工程工程量计算规范》(GB 50854—2013)执行。

①门油漆工程量清单项目的设置、项目特征描述的内容、计量单位及工程量计算规则应按表P.1的规定执行。

表P.1　门油漆(编号:011401)

项目编码	项目名称	项目特征	计量单位	工程量计算规则	工作内容
011401001	木门油漆	1.门类型 2.门代号及洞口尺寸 3.腻子种类 4.刮腻子遍数 5.防护材料种类 6.油漆品种、刷漆遍数	1.樘 2.m²	1.以樘计量,按设计图示数量计量 2.以m²计量,按设计图示洞口尺寸以面积计算	1.基层清理 2.刮腻子 3.刷防护材料、油漆
011401002	金属门油漆				1.除锈、基层清理 2.刮腻子 3.刷防护材料、油漆

注:①木门油漆应区分木大门、单层木门、双层(一玻一纱)木门、双层(单裁口)木门、全玻自由门、半玻自由门、装饰门及有框门或无框门等项目,分别编码列项。

②金属门油漆应区分平开门、推拉门、钢制防火门等项目,分别编码列项。

③以m²计量,项目特征可不必描述洞口尺寸。

②窗油漆工程量清单项目的设置、项目特征描述的内容、计量单位及工程量计算规则应按表P.2的规定执行。

表 P.2　窗油漆（编号：011402）

项目编码	项目名称	项目特征	计量单位	工程量计算规则	工作内容
011402001	木窗油漆	1. 窗类型 2. 窗代号及洞口尺寸 3. 腻子种类	1. 樘 2. m²	1. 以樘计量，按设计图示数量计量 2. 以 m² 计量，按设计图示洞口尺寸以面积计算	1. 基层清理 2. 刮腻子 3. 刷防护材料、油漆
011402002	金属窗油漆	4. 刮腻子遍数 5. 防护材料种类 6. 油漆品种、刷漆遍数			1. 除锈、基层清理 2. 刮腻子 3. 刷防护材料、油漆

注：①木窗油漆应区分单层木门、双层（一玻一纱）木窗、双层框扇（单裁口）木窗、双层框三层（二玻一纱）木窗、单层组合窗、双层组合窗、木百叶窗、木推拉窗等项目，分别编码列项。

②金属窗油漆应区分平开窗、推拉窗、固定窗、组合窗、金属隔栅窗等项目，分别编码列项。

③以 m² 计量，项目特征可不必描述洞口尺寸。

③木扶手及其他板条、线条油漆工程量清单项目的设置、项目特征描述的内容、计量单位及工程量计算规则应按表 P.3 的规定执行。

表 P.3　木扶手及其他板条、线条油漆（编号：011403）

项目编码	项目名称	项目特征	计量单位	工程量计算规则	工作内容
011403001	木扶手油漆	1. 断面尺寸 2. 腻子种类 3. 刮腻子遍数 4. 防护材料种类 5. 油漆品种、刷漆遍数	m	按设计图示尺寸以长度计算	1. 基层清理 2. 刮腻子 3. 刷防护材料、油漆
011403002	窗帘盒油漆				
011403003	封檐板、顺水板油漆				
011403004	挂衣板、黑板框油漆				
011403005	挂镜线、窗帘棍、单独木线油漆				

注：木扶手应区分带托板与不带托板，分别编码列项，若是木栏杆带扶手，木扶手不应单独列项，应包含在木栏杆油漆中。

④木材面油漆工程量清单项目的设置、项目特征描述的内容、计量单位及工程量计算规则应按表 P.4 的规定执行。

表 P.4　木材面油漆（编号：011404）

项目编码	项目名称	项目特征	计量单位	工程量计算规则	工作内容
011404001	木护墙、木墙裙油漆	1. 腻子种类 2. 刮腻子遍数 3. 防护材料种类 4. 油漆品种、刷漆遍数	m²	按设计图示尺寸以面积计算	1. 基层清理 2. 刮腻子 3. 刷防护材料、油漆
011404002	窗台板、筒子板、盖板、门窗套、踢脚线油漆				

项目编码	项目名称	项目特征	计量单位	工程量计算规则	工作内容
011404003	清水板条天棚、檐口油漆	1. 腻子种类 2. 刮腻子遍数 3. 防护材料种类 4. 油漆品种、刷漆遍数	m²	按设计图示尺寸以面积计算	1. 基层清理 2. 刮腻子 3. 刷防护材料、油漆
011404004	木方格吊顶天棚油漆				
011404005	吸音板墙面、天棚面油漆				
011404006	暖气罩油漆				
011404007	其他木材面				
011404008	木间壁、木隔断油漆	1. 腻子种类 2. 刮腻子遍数 3. 防护材料种类 4. 油漆品种、刷漆遍数	m²	按设计图示尺寸以单面外围面积计算	1. 基层清理 2. 刮腻子 3. 刷防护材料、油漆
011404009	玻璃间壁露明墙筋油漆				
011404010	木栅栏、木栏杆（带扶手）油漆				
011404011	衣柜、壁柜油漆			按设计图示尺寸以油漆部分展开面积计算	
011404012	梁柱饰面油漆				
011404013	零星木装修油漆				
011404014	木地板油漆				
011404015	木地板烫硬蜡面	1. 硬蜡品种 2. 面层处理要求		按设计图示尺寸以面积计算。空洞、空圈、暖气包槽、壁龛的开口部分并入相应的工程量内	1. 基层清理 2. 烫蜡

⑤金属面油漆工程量清单项目的设置、项目特征描述的内容、计量单位及工程量计算规则应按表 P.5 的规定执行。

表 P.5　金属面油漆（编号:011405）

项目编码	项目名称	项目特征	计量单位	工程量计算规则	工作内容
011405001	金属面油漆	1. 构件名称 2. 腻子种类 3. 刮腻子遍数 4. 防护材料种类 5. 油漆品种、刷漆遍数	1. t 2. m²	1. 以 t 计量,按设计图示尺寸以质量计算 2. 以 m² 计量,按设计展开面积计算	1. 基层清理 2. 刮腻子 3. 刷防护材料、油漆

⑥抹灰面油漆工程量清单项目的设置、项目特征描述的内容、计量单位及工程量计算规则应按表 P.6 的规定执行。

表 P.6　抹灰面油漆（编号:011406）

项目编码	项目名称	项目特征	计量单位	工程量计算规则	工作内容
011406001	抹灰面油漆	1.基层类型 2.腻子种类 3.刮腻子遍数 4.防护材料种类 5.油漆品种、刷漆遍数 6.部位	m²	按设计图示尺寸以面积计算	1.基层清理 2.刮腻子 3.刷防护材料、油漆
011406002	抹灰线条油漆	1.线条宽度、道数 2.腻子种类 3.刮腻子遍数 4.防护材料种类 5.油漆品种、刷漆遍数	m	按设计图示尺寸以长度计算	
011406003	满刮腻子	1.基层类型 2.腻子种类 3.刮腻子遍数	m²	按设计图示尺寸以面积计算	1.基层清理 2.刮腻子

⑦喷刷涂料工程量清单项目的设置、项目特征描述的内容、计量单位及工程量计算规则应按表 P.7 的规定执行。

表 P.7　喷刷涂料（编号:011407）

项目编码	项目名称	项目特征	计量单位	工程量计算规则	工作内容
011407001	墙面喷刷涂料	1.基层类型 2.喷刷涂料部位 3.腻子种类 4.刮腻子遍数 5.涂料品种、喷刷遍数	m²	按设计图示尺寸以面积计算	1.基层清理 2.刮腻子 3.刷、喷涂料
011407002	天棚喷刷涂料				
011407003	空花格、栏杆刷涂料	1.腻子种类 2.刮腻子遍数 3.涂料品种、刷喷遍数		按设计图示尺寸以单面外围面积计算	
011407004	线条刷涂料	1.基层清理 2.线条宽度 3.刮腻子遍数 4.刷防护材料、油漆	m	按设计图示尺寸以长度计算	
011407005	金属构件刷防火涂料	1.喷刷防火涂料构件名称 2.防火等级要求 3.涂料品种、喷刷遍数	1. m² 2. t	1.以 t 计量,按设计图示尺寸以质量计算 2.以 m² 计量,按设计展开面积计算	1.基层清理 2.刷防护材料、油漆
011407006	木材构件喷刷防火涂料		m²	以 m² 计量,按设计图示尺寸以面积计算	1.基层清理 2.刷防火材料

注:喷刷墙面涂料部位要注明内墙或外墙。

⑧裱糊工程量清单项目的设置、项目特征描述的内容、计量单位及工程量计算规则应按表P.8 的规定执行。

表 P.8　裱糊(编号:011408)

项目编码	项目名称	项目特征	计量单位	工程量计算规则	工作内容
011408001	墙纸裱糊	1. 基层类型 2. 裱糊部位 3. 腻子种类 4. 刮腻子遍数 5. 黏结材料种类 6. 防护材料种类 7. 面层材料品种、规格、颜色	m²	按设计图示尺寸以面积计算	1. 基层清理 2. 刮腻子 3. 面层铺粘 4. 刷防护材料
011408002	织锦缎裱糊				

▶ 6.2.2　重庆2008定额计算规则及相关规定

油漆、涂料、裱糊工程工程量计算按《重庆市装饰工程计价定额》(CQZSDE—2008)执行。

1)概况

《重庆市装饰工程计价定额》(CQZSDE—2008)第五章油漆、涂料、裱糊工程共列 4 节 235 个子目,包括:木材面油漆,金属面油漆,抹灰面油漆,涂料、裱糊。

2)说明

①本章定额刷涂、刷油采用手工操作,喷涂采用机械操作。实际操作方法不同时,不作调整。

②油漆涂刷不同颜色已综合在定额项目内,颜色不同时,不作调整。

③本章定额中刷(喷)油漆、涂料在同一平面上的分色及门窗内外分色已经综合在项目内。如果需要做美术图案者,另行计算。

④本章定额内规定的喷、涂、刷遍数与设计要求不同时,可按每增、减一遍定额子目进行调整。

⑤本章定额中硝基清漆磨退出亮项目是按达到漆膜面上的白雾光消除并出亮考虑的,实际操作刷、涂遍数不同时,不得调整。

⑥木龙骨及木基层板面刷防火涂料、防火漆,均执行木材面刷防火涂料、防火漆相应定额子目。

⑦单层木门窗刷油是按双面刷油编制的,若采用单面刷油时,按相应定额子目乘以系数0.49。

⑧本章定额中金属面除锈是按手工除锈编制的,若采用机械(喷砂或抛丸)除锈时,执行2008 年《重庆市建筑工程计价定额》中金属结构工程章节中除锈的相应定额项目,原定额中手工除锈费用不扣除。

⑨拉毛面上喷(刷)油漆、涂料时,均按抹灰面油漆、涂料相应定额项目人工乘以系数1.2,材料用量乘以系数 1.6。

⑩本章中抹灰面刮腻子、油漆及涂料用于天棚时,人工乘以系数1.3,材料用量乘以系数1.1;用于零星项目时,人工乘以系数1.45,材料用量乘以系数1.3。

⑪本章定额中抹灰面油漆、涂料、裱糊项目中均未包括刮腻子项目,发生时按相应定额子目执行。

⑫本章定额中抹灰面刮腻子、油漆、涂料项目中"零星项目"适用于:阳台栏板、隔板和遮阳板等凸出墙面宽度在500 mm以内的挑板,以及单个面积在1 m² 以内的刮腻子、油漆、涂料项目。

3)计算规则

①本章定额中刮腻子、喷(刷)涂料、抹灰面油漆及裱糊用于楼地面,天棚面,墙、柱、梁面时,其工程量按相应的抹灰工程量计算规则计算。

②木材面及金属面油漆工程量分别按表6.2至表6.8相应的计算规则计算。

a. 木材面油漆。

执行木门定额的其他项目工程量,乘以表6.2中的系数。

表6.2 执行木门定额的其他项目工程量计算规则

项目名称	系数	工程量计算方法
单层木门	1.00	
双层(一玻一纱)木门	1.36	
双层(单裁口)木门	2.00	
单层全玻门	0.83	按单面洞口面积计算
木百叶门	1.25	
厂库房大门	1.10	

执行木窗定额的其他项目工程量,乘以表6.3中的系数。

表6.3 执行木窗定额的其他项目工程量计算规则

项目名称	系数	工程量计算方法
单层玻璃窗	1.00	
双层(一玻一纱)木窗	1.36	
双层(单裁口)木窗	2.00	
双层框三层(二玻一纱)木窗	2.60	按单面洞口面积计算
单层组合窗	0.83	
双层组合窗	1.13	
木百叶窗	1.50	

执行木扶手定额的其他项目工程量,乘以表6.4中的系数。

表6.4 执行木扶手定额的其他项目工程量计算规则

项目名称	系数	工程量计算方法
木扶手(不带托板)	1.00	
木扶手(带托板)	2.60	
窗帘盒	2.04	
封檐板、顺水板	1.74	按延长米计算
挂衣板、黑板框、木线条100 mm以外	0.52	
挂镜线、窗帘棍、木线条100 mm以内	0.35	

执行其他木材面定额的其他项目工程量,乘以表6.5中的系数。

表6.5 执行其他木材面定额的其他项目工程量计算规则

项目名称	系数	工程量计算方法
木板、木夹板、胶合板天棚(单面)	1.00	
木护墙、木墙棍	1.00	
窗台板、盖板、门窗套、踢脚线	1.00	
清水板条天棚、檐口	1.07	按长×宽计算
木格栅吊顶天棚	1.20	
鱼鳞板墙	2.48	
吸音板墙面、天棚面	1.00	
屋面板(带檩条)	1.11	斜长×宽
木间壁、木隔断	1.90	单面外围面积
玻璃间壁露明墙筋	1.65	单面外围面积
木栅栏、木栏杆(带扶手)	1.82	
木屋架	1.79	跨度(长)×中高×1/2
衣柜、壁柜	1.00	按实刷展开面积
梁柱饰面、零星木装修	1.00	展开面积

b.金属面油漆。

执行单层钢门窗油漆定额的其他项目工程量,乘以表6.6中的系数。

表6.6　执行单层钢门窗油漆定额的其他项目工程量计算规则

项目名称	系数	工程量计算方法
单层钢门窗	1.00	洞口面积
双层(一玻一纱)钢门窗	1.48	
钢百叶门	2.74	
半截百叶钢门	2.22	
钢门或包铁皮门	1.63	
钢折叠门	2.30	
射线防护门	2.96	框(扇)外围面积
厂库平开、推拉门	1.70	
铁(钢)丝网大门	0.81	
金属间壁	1.85	长×宽
平板屋面(单面)	0.74	斜长×宽
瓦垄板屋面(单面)	0.89	
排水、伸缩缝盖板	0.78	展开面积
钢栏杆	0.92	单面外围面积

执行其他金属面油漆定额的其他工程量,乘以表6.7中的系数。

表6.7　执行其他金属面油漆定额的其他工程量计算规则

项目名称	系数	工程量计算方法
钢屋架、天窗架、挡风架、屋架梁、支撑、檩条	1.00	质量(t)
墙架(空腹式)	0.50	
墙架(格板式)	0.82	
钢柱、吊车梁、花式梁、柱、空花构件	0.63	
操作台、走台、制动梁、钢梁车挡	0.71	
钢栅栏门、窗栅	1.71	
钢爬梯	1.18	
轻型屋架	1.42	
踏步式钢扶梯	1.05	
零星铁件	1.32	

c.抹灰面油漆、涂料、裱糊工程量系数,见表6.8。

表6.8 抹灰面油漆、涂料、裱糊工程量计算规则

项目名称	系数	工程量计算方法
槽形底板、混凝土折板	1.00	展开面积
有梁板底	1.00	
密肋、井字梁底板	1.00	
混凝土梯底(斜平顶)	1.30	水平投影面积（包括休息平台）
混凝土梯底(锯齿形)	1.50	
混凝土格窗、栏杆花饰	1.82	单面外围面积

③定额中墙面、天棚、地面的木龙骨及基层板刷防火涂料和防火漆工程量按本定额中各章节木龙骨及基层板的计算规则计算。

④木楼梯(不包括底面)油漆,按水平投影面积乘以系数2.3,执行木地板油漆相应子目。

6.3 油漆、涂料、裱糊工程案例分析

▶ 6.3.1 典型案例分析

【例6.1】 单层全玻璃门尺寸如图6.1所示,油漆为底油一遍、调和漆三遍,试计算工程量。

【解】 (1)列出清单项,计算清单工程量

●011401001001 单层全玻门油漆

清单工程量 $= 1.5 \times 2.4 = 3.6 (m^2)$

或清单工程量 = 1 樘

(2)列出定额项,计算定额工程量

●BE0001 + BE0005 换 单层全玻门底油一遍、调和漆三遍

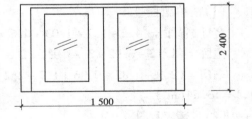

图6.1 例6.1图

定额工程量 $= 1.5 \times 2.4 \times 0.83 = 2.99 (m^2)$

注:清单工程量可以按面积或"樘"以数量计算;定额工程量以面积计算,要乘以系数0.83。

【例6.2】 某工程如图6.2所示尺寸,内墙抹灰面满刮腻子两遍,内墙面刷乳胶漆两遍,吊顶高度3 m,试计算工程量。

【解】 (1)列出清单项,计算清单工程量

●011407001001 内墙面刷乳胶漆两遍

清单工程量 $= (3.9 + 3.9 + 1.2 - 0.24 + 6 - 0.24) \times 2 \times (3 - 0.15) - 1.2 \times (2.7 - 0.15) - 2 \times (2.5 - 1) = 76.704 (m^2)$

(2)列出定额项,计算定额工程量

●BE0178 内墙抹灰面满刮腻子两遍

定额工程量 = $(3.9 + 3.9 + 1.2 - 0.24 + 6 - 0.24) \times 2 \times (3 - 0.15 + 0.1) - 1.2 \times (2.7 - 0.15) - 2 \times (2.5 - 1) = 79.608(\text{m}^2)$

• BE0189 内墙面刷乳胶漆 2 遍

定额工程量 = $(3.9 + 3.9 + 1.2 - 0.24 + 6 - 0.24) \times 2 \times (3 - 0.15 + 0.1) - 1.2 \times (2.7 - 0.15) - 2 \times (2.5 - 1) = 79.608(\text{m}^2)$

注：内墙面腻子、涂料工程量计算，清单计算规则按图示尺寸以面积计算；定额计算规则按相应的抹灰工程量计算规则计算，有顶棚的内墙高算至顶棚底加 100 mm。

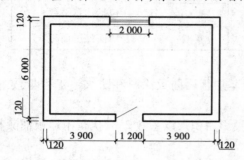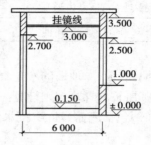

图 6.2　例 6.2 图

▶ 6.3.2　综合案例分析

按某小区 B-1 户型样板间室内装修图计算。

1)裱糊工程

墙面贴墙纸 WC-2

（1）清单工程量

客厅、餐厅 = $(4.2 + 1.7 + 1.03 + 0.6 \times 2) \times 2.35 - 2.52 \times 1.53 = 15.25(\text{m}^2)$

主卧 = $(1.12 - 0.92 + 3 + 3.02) \times 2.35 + 0.8 \times 1.9 \times 2 - (1.5 + 0.6) \times 1.75 = 13.98(\text{m}^2)$

书房 = $(2.9 + 0.82 + 0.96 + 1.7 + 2.2) \times 2.35 - 2.52 \times 1.53 - (1.2 + 2.2) \times 0.3 - 1.5 \times 1.1 = 13.64(\text{m}^2)$

（2）定额工程量

①客厅、餐厅：

刮腻子 = $(4.2 + 2.5 + 5.68) \times 2.45 - 2.52 \times 1.53 - 1 \times 2.4 - 0.86 \times 2.4 - 2.4 \times 2.4 = 17.42(\text{m}^2)$

贴墙纸 = $(4.2 + 2.5 + 5.68) \times 2.45 - 2.52 \times 1.53 - 1 \times 2.4 - 0.86 \times 2.4 - 2.4 \times 2.4 = 17.42(\text{m}^2)$

②主卧：

刮腻子 = $(1.12 + 3 + 3.02) \times 2.45 + 0.8 \times 1.9 \times 2 - 0.86 \times 2.4 - (1.5 + 0.6) \times 1.75 = 14.80(\text{m}^2)$

贴墙纸 = $(1.12 + 3 + 3.02) \times 2.45 + 0.8 \times 1.9 \times 2 - 0.86 \times 2.4 - (1.5 + 0.6) \times 1.75 = 14.80(\text{m}^2)$

③书房：

刮腻子 $= (2.9 + 2.7 + 1.7 + 2.2) \times 2.45 - 2.52 \times 1.53 - 0.86 \times 2.4 - (1.2 + 2.2) \times 0.3 - 1.5 \times 1.1 = 14.71 (m^2)$

贴墙纸 $= (2.9 + 2.7 + 1.7 + 2.2) \times 2.45 - 2.52 \times 1.53 - 0.86 \times 2.4 - (1.2 + 2.2) \times 0.3 - 1.5 \times 1.1 = 14.71 (m^2)$

2) 油漆、涂料工程

（1）墙面咖啡梨木饰面刷硝基清漆两遍

①清单工程量：

客厅、餐厅 $= (3.87 - 0.02 \times 3 + 0.8 + 0.3) \times 2.35 = 11.54 (m^2)$

主卧室（B 立面）$= (0.59 + 0.59) \times 2.35 = 2.77 (m^2)$

②定额工程量：

客厅、餐厅 $= (3.87 - 0.02 \times 3 + 0.8 + 0.3) \times 2.35 = 11.54 (m^2)$

主卧室（B 立面）$= (0.59 + 0.59) \times 2.35 = 2.77 (m^2)$

（2）墙面木龙骨喷刷防火涂料两遍

①清单工程量：

客厅、餐厅 $= (3.87 + 0.8 + 0.3) \times 2.45 + 3 \times 2.45 + 2.2 \times 2.45 = 24.92 (m^2)$

主卧 $= (0.59 + 0.59) \times 2.45 + 1.8 \times 2.45 = 7.31 (m^2)$

②定额工程量：

客厅、餐厅 $= (3.87 + 0.8 + 0.3) \times 2.45 + 3 \times 2.45 + 2.2 \times 2.45 = 24.92 (m^2)$

主卧 $= (0.59 + 0.59) \times 2.45 + 1.8 \times 2.45 = 7.31 (m^2)$

（3）墙面 18 mm 木工板基层喷刷防火涂料两遍

①清单工程量：

客厅、餐厅 $= (3.87 + 0.8 + 0.3) \times 2.45 + 3 \times 2.45 + 2.2 \times 2.45 = 24.92 (m^2)$

主卧 $= (0.59 + 0.59) \times 2.45 + 1.8 \times 2.45 = 7.31 (m^2)$

②定额工程量：

客厅、餐厅 $= (3.87 + 0.8 + 0.3) \times 2.45 + 3 \times 2.45 + 2.2 \times 2.45 = 24.92 (m^2)$

主卧 $= (0.59 + 0.59) \times 2.45 + 1.8 \times 2.45 = 7.31 (m^2)$

（4）天棚吊顶木工板基层喷刷防火涂料两遍

①清单工程量：

客厅、餐厅及厨房 $= [6.73 + (0.03 + 0.2) \times 2] \times [(2.65 - 2.45) + (2.9 - 2.65) + (0.02 + 0.085) + 0.22] + (2.35 + 0.03 \times 2 + 0.2 + 0.22) \times (2.65 - 2.4) + 0.15 \times (3.9 - 0.2) = 6.84 (m^2)$

主卧 $= [2.16 + (0.03 + 0.2) \times 2 + 2.46 + (0.03 + 0.2) \times 2] \times (2.65 - 2.45) = 1.11 (m^2)$

主卧室飘窗 $= 0.15 \times [(0.7 + 0.2 - 0.1 - 0.15 + 1.5) + (0.7 + 0.2 - 0.1 - 0.15 + 0.6)] + (0.15 - 0.03) \times (0.6 + 1.5) + 0.03 \times (0.6 - 0.03 + 1.5 - 0.03) + 0.03 \times (0.6 + 1.5) = 0.89 \ m^2$

书房 $= 0.15 \times 2.7 + (2.65 - 2.45) \times [2.19 + (0.03 + 0.2) \times 2 + 0.05] = 0.95 (m^2)$

卫生间 = 楼地面清单工程量 = 3.33 m^2

②定额工程量：

客厅、餐厅及厨房 $= [6.73 + (0.03 + 0.2) \times 2] \times [(2.65 - 2.45) + (2.9 - 2.65) + (0.02 + 0.085) + 0.22] + (2.35 + 0.03 \times 2 + 0.2 + 0.22) \times (2.65 - 2.4) + 0.15 \times (3.9 - 0.2) = 6.84 m^2$

主卧 $= [2.16 + (0.03 + 0.2) \times 2 + 2.46 + (0.03 + 0.2) \times 2] \times (2.65 - 2.45) = 1.11$ m^2

主卧室飘窗 $= 0.15 \times [(0.7 + 0.2 - 0.1 - 0.15 + 1.5) + (0.7 + 0.2 - 0.1 - 0.15 + 0.6)] + (0.15 - 0.03) \times (0.6 + 1.5) + 0.03 \times (0.6 - 0.03 + 1.5 - 0.03) + 0.03 \times (0.6 + 1.5) = 0.89$ m^2

卫生间 = 楼地面清单工程量 $= 3.33$ m^2

（5）天棚刷 PT-3 黑色乳胶漆

①清单工程量：

主卧室 $= (2.46 + 0.03 \times 2) \times (2.16 + 0.03 \times 2) - 2.46 \times 2.16 = 0.28$（m^2）

书房 $= (2.19 + 0.03 \times 2) \times (1.64 + 0.03 \times 2) - 2.19 \times 1.64 = 0.23$（m^2）

客厅、餐厅及厨房 $= (2.35 + 0.03 \times 2) \times (6.73 + 0.03 \times 2) - 2.35 \times 6.73 = 0.55$（m^2）

②定额工程量：

a. 主卧室：

刮成品腻子粉（防水型）= 清单工程量 $= 0.28$ m^2

刷 PT-3 黑色乳胶漆 = 清单工程量 $= 0.28$ m^2

b. 书房：

刮成品腻子粉（防水型）= 清单工程量 $= 0.23$ m^2

刷 PT-3 黑色乳胶漆 = 清单工程量 $= 0.23$ m^2

c. 客厅、餐厅及厨房：

刮成品腻子粉（防水型）= 清单工程量 $= 0.55$ m^2

刷 PT-3 黑色乳胶漆 = 清单工程量 $= 0.55$ m^2

（6）天棚刷 PT-1 白色乳胶漆

①清单工程量：

主卧室 $= 9.38 + 1.11 - 0.28 = 10.21$（m^2）

主卧室飘窗 $= 2.26 + 0.89 - 0.15 \times (0.7 + 0.2 - 0.1 + 1.5 + 0.6 + 0.9 - 0.1 - 0.15) = 2.62$（m^2）

书房 $= 7.29 + 0.95 - 0.23 - 2.7 \times 0.15 = 7.61$（m^2）

客厅、餐厅及厨房 $= 31.41 + 6.84 - 0.55 - 3.7 \times 0.15 = 37.15$（m^2）

景观阳台及生活阳台 $= 7.84$ m^2

②定额工程量：

a. 主卧室及主卧室飘窗：

刮成品腻子粉（防水型）= 清单工程量 $= 10.21 + 2.62 = 12.83$（m^2）

天棚刷 PT-1 白色乳胶漆 $= 10.21 + 2.62 = 12.83$（m^2）

b. 书房：

刮成品腻子粉（防水型）$= 7.29 + 0.95 - 0.23 - 2.7 \times 0.15 = 7.61$（m^2）

天棚刷 PT-1 白色乳胶漆 $= 7.29 + 0.95 - 0.23 - 2.7 \times 0.15 = 7.61$（m^2）

c. 客厅、餐厅及厨房：

刮成品腻子粉（防水型）$= 31.41 + 6.84 - 0.55 - 3.7 \times 0.15 = 37.15$（m^2）

天棚刷 PT-1 白色乳胶漆 $= 31.41 + 6.84 - 0.55 - 3.7 \times 0.15 = 37.15$（m^2）

d. 景观阳台及生活阳台：

刮成品腻子粉（防水型）$= 7.84$ m^2

天棚刷 PT-1 白色乳胶漆 $= 7.84$ m^2

（7）PT-2 防水乳胶漆

①清单工程量：

卫生间 = 3.33 m²

②定额工程量：

卫生间

刮成品腻子粉（防水型）= 清单工程量 = 3.33 m²

PT-2 防水乳胶漆 = 清单工程量 = 3.33 m²

（8）窗帘盒刷 PT-1 白色乳胶漆

客厅、书房及主卧室

①清单工程量：

客厅、书房及主卧室 = 3.7 + 2.7 + (0.6 + 0.7 + 0.2 - 0.1 + 1.5 + 0.7 + 0.2 - 0.1) = 10.10(m)

窗帘盒刷油漆 = 10.10 m

②定额工程量：

客厅、书房及主卧室 = 10.10 × 2.04 = 20.60(m)

注：清单工程量按长度 m 计量；定额工程量乘以系数 2.04，同时执行"木扶手"定额。

7 其他零星装饰工程

7.1 其他零星装饰工程的基础知识

根据《建设工程工程量清单计价规范》(GB 50500—2013),其他零星装饰工程包括:柜类、货架,压条、装饰线,扶手、栏杆、栏板装饰,暖气罩,浴厕配件,雨篷、旗杆,招牌、灯箱,美术字。

1)柜类、货架

柜类、货架包括:柜台、酒柜、衣柜、存包柜、鞋柜、书柜、厨房壁柜、木壁柜、厨房低柜、厨房吊柜、矮柜、吧台背柜、酒吧吊柜、酒吧台、展台、收银台、试衣间、货架、书架、服务台。柜类一般又分为柜体、柜门和背板。

2)压条、装饰线

装饰线包括:金属装饰线、木质装饰线、石材装饰线、石膏装饰线、镜面玻璃线、铝塑装饰线、塑料装饰线(见图7.1)。其大部分木装饰线条、金属装饰线条、石膏装饰线条、塑料装饰线条和石材装饰线条均以成品安装。常见的金属装饰线条有铝合金压条、铝合金线槽、金属角线、铜嵌条、镜面不锈钢装饰条等。塑料线条是用硬质聚氯乙烯塑料制成,具有耐磨、耐腐蚀、绝缘性好的特点。石膏装饰线条是以半水石膏为主要原料,掺加适量增强纤维、胶黏剂、催凝剂、缓凝剂,经料浆配制,浇筑成型,烘干而制成的线条,它质量轻,易于锯拼安装,浮雕装饰性强。

3)扶手、栏杆、栏板装饰

扶手、栏杆、栏板装饰包括金属扶手、栏杆、栏板,硬木扶手、栏杆、栏板,塑料扶手、栏杆、

图 7.1　装饰线条

栏板,金属靠墙扶手,硬木靠墙扶手,塑料靠墙扶手,玻璃栏板。扶手、栏杆、栏板装饰多用于楼梯、走廊、回廊、阳台、平台、露台,如图 7.2 和图 7.3 所示。

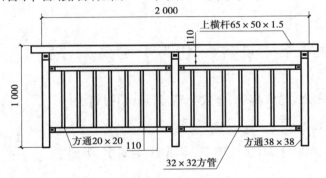

图 7.2　栏杆

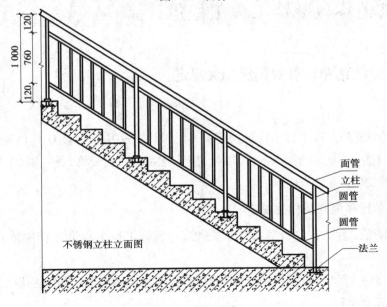

图 7.3　扶手栏杆

4)暖气罩

暖气罩包括饰面板暖气罩、塑料板暖气罩、金属暖气罩。暖气罩是在房间放置暖气片的地方,用以遮挡暖气片或暖气管道的装饰物,一般做法是在外墙内侧留槽,槽的外面做金属网片隔离罩,若外墙无法留槽,就做明罩。因此,暖气罩的安装方式可分为挂板式、明式和平墙式。

5)浴厕配件

浴厕配件包括洗漱台、晒衣架、帘子杆、浴缸拉手、卫生间拉手、毛巾杆(架)、毛巾环、卫生纸盒、肥皂盒、镜面玻璃、镜箱。其中,洗漱台是卫生间内用于支撑台式洗脸盆、放置洗漱卫生用品的,同时也是装饰卫生间的台面。洗漱台可分为自己制作或购买成品,若自己制作需要石材磨边、开孔、削角,台面下设置支撑构件,如角铁架子、半砖墙等,台上沿台面设置挡水板。

6)雨篷、旗杆

雨篷、旗杆包括雨篷吊挂饰面、金属旗杆、玻璃雨篷。

7)招牌、灯箱

招牌、灯箱包括平面、箱式招牌,竖式标箱,灯箱,信报箱。

8)美术字

美术字包括泡沫塑料字、有机玻璃字、木质字、金属字、吸塑字。

7.2 其他零星装饰工程工程量计算

▶ 7.2.1 2013 清单计算规则级相关规定

1)概况

《房屋建筑与装饰工程工程量计算规范》(GB 50854—2013)附录 Q 其他装饰工程共列 8 节 62 个项目,包括:柜类、货架,压条、装饰线,扶手、栏杆、栏板装饰,暖气罩,浴厕配件,雨棚、旗杆,招牌、灯箱,美术字 8 节内容。

2)2013 清单计算规则及相关规定

其他零星装饰工程工程量计算按《房屋建筑与装饰工程工程量计算规范》(GB 50854—2013)执行。

①柜类、货架工程量清单项目的设置、项目特征描述的内容、计量单位及工程量计算规则应按表 Q.1 的规定执行。

表 Q.1 柜类、货架(编号:011501)

项目编码	项目名称	项目特征	计量单位	工程量计算规则	工作内容
011501001	柜台	1. 台柜规格 2. 材料种类、规格 3. 五金种类、规格 4. 防护材料种类 5. 油漆品种、刷漆遍数	1. 个 2. m 3. m³	1. 以个计量,按设计图示数量计量 2. 以 m 计量,按设计图示尺寸以延长米计算 3. 以 m³ 计量,按设计图示尺寸以体积计算	1. 台柜制作、运输、安装(安放) 2. 刷防护材料、油漆 3. 五金件安装
011501002	酒柜				
011501003	衣柜				
011501004	存包柜				
011501005	鞋柜				
011501006	书柜				
011501007	厨房壁柜				
011501008	木壁柜				
011501009	厨房低柜				
011501010	厨房吊柜				
011501011	矮柜				
011501012	吧台背柜				
011501013	酒吧吊柜				
011501014	酒吧台				
011501015	展台				
011501016	收银台				
011501017	试衣间				
011501018	货架				
011501019	书架				
011501020	服务台				

②压条、装饰线工程量清单项目的设置、项目特征描述的内容、计量单位及工程量计算规则应按表 Q.2 的规定执行。

表 Q.2 压条、装饰线(编号:011502)

项目编码	项目名称	项目特征	计量单位	工程量计算规则	工作内容
011502001	金属装饰线	1. 基层类型 2. 线条材料品种、规格、颜色 3. 防护材料种类	m	按设计图示尺寸以长度计算	1. 线条制作、安装 2. 刷防护材料
011502002	木质装饰线				
011502003	石材装饰线				
011502004	石膏装饰线				
011502005	镜面玻璃线				
011502006	铝塑装饰线				
011502007	塑料装饰线				
011502008	GRC 装饰线条	1. 基层类型 2. 线条规格 3. 线条安装部位 4. 填充材料种类			线条制作安装

③扶手、栏杆、栏板装饰工程量清单项目的设置、项目特征描述的内容、计量单位及工程量计算规则应按表 Q.3 的规定执行。

表 Q.3　扶手、栏杆、栏板装饰（编号：011503）

项目编码	项目名称	项目特征	计量单位	工程量计算规则	工作内容
011503001	金属扶手、栏杆、栏板	1. 扶手材料种类、规格 2. 栏杆材料种类、规格 3. 栏板材料种类、规格、颜色 4. 固定配件种类 5. 防护材料种类	m	按设计图示以扶手中心线长度（包括弯头长度）计算	1. 制作 2. 运输 3. 安装 4. 刷防护材料
011503002	硬木扶手、栏杆、栏板				
011503003	塑料扶手、栏杆、栏板				
011503004	GRC 栏杆、扶手	1. 栏杆的规格 2. 安装间距 3. 扶手类型规格 4. 填充材料种类			
011503005	金属靠墙扶手	1. 扶手材料种类、规格 2. 固定配件种类 3. 防护材料种类			
011503006	硬木靠墙扶手				
011503007	塑料靠墙扶手				
011503008	玻璃栏板	1. 栏杆玻璃的种类、规格、颜色 2. 固定方式 3. 固定配件种类			

④暖气罩工程量清单项目的设置、项目特征描述的内容、计量单位及工程量计算规则应按表 Q.4 的规定执行。

表 Q.4　暖气罩（编码：011504）

项目编码	项目名称	项目特征	计量单位	工程量计算规则	工作内容
011504001	饰面板暖气罩	1. 暖气罩材质 2. 防护材料种类	m²	按设计图示尺寸以垂直投影面积（不展开）计算	1. 暖气罩制作、运输、安装 2. 刷防护材料、油漆
011504002	塑料板暖气罩				
011504003	金属暖气罩				

⑤浴厕配件工程量清单项目的设置、项目特征描述的内容、计量单位及工程量计算规则应按表 Q.5 的规定执行。

表 Q.5　浴厕配件（编码：011505）

项目编码	项目名称	项目特征	计量单位	工程量计算规则	工作内容
011505001	洗漱台	1. 材料品种、规格、颜色 2. 支架、配件品种、规格	1. m² 2. 个	1. 按设计图示尺寸以台面外接矩形面积计算。不扣除孔洞、挖弯、削角所占面积，挡板、吊沿板面积并入台面面积内 2. 按设计图示数量计算	1. 台面及支架、运输、安装 2. 杆、环、盒、配件安装 3. 刷油漆

续表

项目编码	项目名称	项目特征	计量单位	工程量计算规则	工作内容
011505002	晒衣架	1. 材料品种、规格、颜色 2. 支架、配件品种、规格	个	按设计图示数量计算	1. 台面及支架运输、安装 2. 杆、环、盒、配件安装 3. 刷油漆
011505003	帘子杆				
011505004	浴缸拉手				
011505005	卫生间扶手		套		1. 台面及支架、制作、运输、安装 2. 杆、环、盒、配件安装 3. 刷油漆
011505006	毛巾杆(架)				
011505007	毛巾环		副		
011505008	卫生纸盒		个		
011505009	肥皂盒				
011505010	镜面玻璃	1. 镜面玻璃品种、规格 2. 框材质、断面尺寸 3. 基层材料种类 4. 防护材料种类	m²	按设计图示尺寸以边框外围面积计算	1. 基层安装 2. 玻璃及框制作、运输、安装
011505011	镜箱	1. 箱体材质、规格 2. 玻璃品种、规格 3. 基层材料种类 4. 防护材料种类 5. 油漆品种、刷漆遍数	个	按设计图示数量计算	1. 基层安装 2. 箱体制作、运输、安装 3. 玻璃安装 4. 刷防护材料、油漆

⑥雨篷、旗杆工程量清单项目的设置、项目特征描述的内容、计量单位及工程量计算规则应按表 Q.6 的规定执行。

表 Q.6 雨篷、旗杆(编码:011506)

项目编码	项目名称	项目特征	计量单位	工程量计算规则	工作内容
011506001	雨篷吊挂饰面	1. 基层类型 2. 龙骨材料种类、规格、中距 3. 面层材料品种、规格 4. 吊顶(天棚)材料品种、规格 5. 嵌缝材料种类 6. 防护材料种类	m²	按设计图示尺寸以水平投影面积计算	1. 底层抹灰 2. 龙骨基层安装 3. 面层安装 4. 刷防护材料、油漆
011506002	金属旗杆	1. 旗杆材料、种类、规格 2. 旗杆高度 3. 基础材料种类 4. 基座材料种类 5. 基座面层材料、种类、规格	根	按设计图示数量计算	1. 土石挖、填、运 2. 基础混凝土浇注 3. 旗杆制作、安装 4. 旗杆台座制作、饰面

续表

项目编码	项目名称	项目特征	计量单位	工程量计算规则	工作内容
011506003	玻璃雨篷	1. 玻璃雨篷固定方式 2. 龙骨材料种类、规格、中距 3. 玻璃材料品种、规格 4. 嵌缝材料种类 5. 防护材料种类	m²	按设计图示尺寸以水平投影面积计算	1. 龙骨基层安装 2. 面层安装 3. 刷防护材料、油漆

⑦招牌、灯箱工程量清单项目的设置、项目特征描述的内容、计量单位及工程量计算规则应按表 Q.7 的规定执行。

表 Q.7　招牌、灯箱(编码:011507)

项目编码	项目名称	项目特征	计量单位	工程量计算规则	工作内容
011507001	平面、箱式招牌	1. 箱体规格 2. 基层材料种类 3. 面层材料种类 4. 防护材料种类	m²	按设计图示尺寸以正立面边框外围面积计算。复杂形的凸凹造型部分不增加面积	1. 基层安装 2. 箱体及支架制作、运输、安装 3. 面层制作、安装 4. 刷防护材料、油漆
011507002	竖式标箱		个	按设计图示数量计算	
011507003	灯箱				

⑧美术字工程量清单项目的设置、项目特征描述的内容、计量单位及工程量计算规则应按表 Q.8 的规定执行。

表 Q.8　美术字(编码:011508)

项目编码	项目名称	项目特征	计量单位	工程量计算规则	工作内容
011508001	泡沫塑料字	1. 基层类型 2. 镌字材料品种、颜色 3. 字体规格 4. 固定方式 5. 油漆品种、刷漆遍数	个	按设计图示数量计算	1. 字制作、运输、安装 2. 刷油漆
011508002	有机玻璃字				
011508003	木质字				
011508004	金属字				
011508005	吸塑字				

▶ 7.2.2　重庆2008定额计算规则及相关规定

其他零星装饰工程工程量计算按《重庆市装饰工程计价定额》(CQZSDE—2008)执行。

1)概况

《重庆市装饰工程计价定额》(CQZSDE—2008)第六章其他工程共列8节110个子目,包括：招牌、灯箱基层，招牌、灯箱面层，美术字安装，装饰线条，镜面玻璃，卫浴配件，零星项目，货架、柜类。

2）说明

①本章定额中铁件、金属构件除锈是按手工除锈编制的，若采用机械（喷砂或抛丸）除锈时，执行 2008 年《重庆市建筑工程计价定额》金属工程章节中除锈的相应项目。

②本章定额中铁件、金属构件已包括刷防锈漆一遍，如设计需要刷第二遍及多遍防锈漆时，按相应定额项目执行。

③招牌基层：

a. 平面招牌是指安装在墙面上；箱体招牌、竖式标箱是指六面体固定在墙面上；沿雨篷、檐口、阳台走向的立式招牌，按平面招牌复杂项目执行。

b. 一般招牌是指正立面平整无凹凸面；复杂招牌是指正立面有凹凸造型。

c. 招牌的灯饰不包括在定额内，招牌、灯饰按 2008 年《重庆市安装工程计价定额》相应项目执行。

④美术字安装：美术字按成品安装固定编制；美术字部分字体均执行本定额。

⑤木装饰线、石膏装饰线、金属装饰线、石材装饰线条均按成品安装编制。

⑥装饰线条按墙面上直线安装编制，如天棚安装直线形、圆弧形或其他图案的装饰线条，按以下规定计算：

a. 天棚面安装直线装饰线条，天棚和墙面交界处的阴角线按相应定额项目人工费乘以系数 1.34，其余不变。

b. 天棚面安装圆弧装饰线条，按相应定额项目人工乘以系数 1.6，材料乘以系数 1.1。

c. 墙面安装圆弧装饰线条，按相应定额项目人工乘以系数 1.2，材料乘以系数 1.1。

d. 装饰线条做艺术图案者，按相应定额项目人工乘以系数 1.8，材料乘以系数 1.1。

⑦石材、面砖磨边是按现场制作加工编制的，弧形磨边时，按相应定额项目人工乘以系数 1.3，其余不变。

⑧柜台、收银台、酒吧台、货架、附墙衣柜等参考定额，结算时按实调整。

3）计算规则

①招牌、灯箱：

a. 平面招牌基层按正立面面积以"m²"计算，复杂凹凸部分亦不增减。

b. 沿雨篷、檐口或阳台的立式招牌基层，按平面招牌复杂形执行时，应按展开面积计算。

c. 箱体招牌或竖式标箱的基层，按外围体积以"m³"计算。

d. 招牌、灯箱上的店徽及其他艺术装潢等均另行计算。

e. 招牌、灯箱的面层按展开面积以"m²"计算。

f. 广告牌钢骨架按理论质量按"t"计算。

g. 金属结构的制作工程量按理论质量以"t"计算。型钢按设计图纸的规格尺寸计算（不扣除孔眼、切边、切肢的质量）。钢板按几何图形的外接矩形计算（不扣除孔眼质量）。

②美术字的安装按字的最大外围矩形面积以个计算。

③木装饰线、石膏装饰线、金属装饰线、石材装饰线条按延长米计算。

④镜面玻璃安装、盥洗室木镜箱按正立面面积以"m²"计算。

⑤成品镜面以套计算。

⑥石材磨边、面砖磨边按延长米计算。

⑦柱墩、柱帽、木雕花饰件、石膏角花、石膏灯盘按个计算。

⑧木窗台板按投影面积以"m²"计算。

⑨窗帘盒、窗帘轨、挂镜线、挂衣板按延长米计算。

⑩毛巾环、肥皂盒、金属帘子杆、浴缸拉手、毛巾杆、挂镜点安装以个或副计算。大理石洗漱台按台面投影面积以"m²"计算(不扣除空洞面积)。

⑪柜台、收银台、酒吧台以延长米计算;货架、附墙衣柜类均按正立面的高(包括脚的高度在内)乘以宽以"m²"计算。

7.3 其他零星装饰工程案例分析

按某小区 B-1 户型样板间室内装修图计算。

(1)栏杆工程量

①清单工程量:

生活阳台栏杆:1.9 m

观景阳台栏杆:7.1 m

②定额工程量:

生活阳台栏杆:1.9 m

观景阳台栏杆:7.1 m

(2)黑色镜面不锈钢(客厅墙面、主卧室墙面)装饰线条工程量

清单工程量 = 40.494 + 2.35 × 4 + 2.35 × 2 = 54.594(m)(粗略估算,按实际长度取值)

定额工程量 = 40.494 + 2.35 × 4 + 2.35 × 2 = 54.594(m)(粗略估算,按实际长度取值)

(3)黑色镜面不锈钢挂镜线(客厅、主卧室、书房)工程量

清单工程量 = 7.27 × 2 + 5.61 × 2 + 2.93 × 2 + 2.99 × 2 + 2.7 × 2 + 2.66 × 2 = 48.32(m)

定额工程量 = 7.27 × 2 + 5.61 × 2 + 2.93 × 2 + 2.99 × 2 + 2.7 × 2 + 2.66 × 2 = 48.32(m)

(4)定制衣柜(卧室、书房)工程量(实际中通常以投影面积或展开面积计算)

清单工程量 = 1.85 × 2.35 + 1.05 × 1.6 = 6.028(m²)

定额工程量(柜门) = 1.05 × 1.6 = 1.68(m²)(注:主卧室没有柜门)

定额工程量(柜体) = 1.85 × 2.35 + 1.05 × 1.6 = 6.028(m²)

定额工程量(背板) = 1.05 × 1.6 = 1.68(m²)(注:主卧室没有背板)

注意:定制衣柜柜体展开面积需要计算每一块水平板和垂直板的面积,柜体中多有抽屉和其他功能部件,则需要以个数等进行单算。

(5)榻榻米工程量(计算投影面积)

清单工程量 = 1.216 × 2.2 = 2.675(m²)

定额工程量 = 1.216 × 2.2 = 2.675(m²)

(6)写字台(咖啡梨木饰面)工程量

清单工程量 = 1.683 + 0.75 = 2.433(m)

定额工程量 $=2.433 \times 0.5 = 1.217(\mathrm{m}^2)$

（7）定制橱柜工程量

清单工程量 $=1.07 + 1.27 = 2.34(\mathrm{m})$

定额工程量:定制橱柜(地柜) $=1.07 + 1.27 = 2.34(\mathrm{m})$

定额工程量:定制橱柜(台面) $=1.07 + 1.27 = 2.34(\mathrm{m})$

定额工程量:定制橱柜(吊柜) $=1.278(\mathrm{m})$

（8）爵士白石材(主卧室飘窗)窗台板工程量

清单工程量 $=0.8 \times (1.4 + 1.5) = 2.32(\mathrm{m}^2)$

定额工程量 $=0.8 \times (1.4 + 1.5) = 2.32(\mathrm{m}^2)$

装饰工程定额

8.1 装饰工程定额概述

▶ 8.1.1 定额的概念

定额是指在正常施工条件下,完成一定计量单位的分项工程或结构构件所需消耗的人工、材料和机械台班的数量标准。

建筑装饰工程定额是随着我国建筑技术经济的发展逐渐产生的,它是建筑工程定额的延伸。所谓建筑装饰工程预算定额,是指规定完成某一单位建筑装饰产品的基本构造要素所需消耗的活劳动和物化劳动的数量标准。其中,单位建筑装饰产品的基本构造要素是指装饰分项工程或装饰结构构件。

▶ 8.1.2 装饰工程定额的特点及性质

建筑装饰工程定额同建筑工程定额一样,具有科学性、法令性和指导性、先进性和群众性、范围性和时间性、地域性。

1)科学性

定额的各种参数是在遵循客观经济规律、价值规律的基础上,以实事求是的态度,运用科学的方法,经过长期严密的观察、测定、广泛收集和总结生产实践经验及有关资料,对工时消耗、操作动作、现场布置、工具设备改革以及生产技术与劳动组织的合理配合等各方面,进行科学的综合分析、研究后而制定的。因此,它具有一定的科学性。

2)法令性和指导性

定额是由国家各级主管部门按照一定的科学程序,组织编制和颁发的,在定额计价时期,它是一种具有法令性的指标。在执行和使用过程中,任何单位都必须严格遵守和执行,不得随意更改定额的内容和水平。如需进行调整、修改和补充,必须经授权部门批准。但在清单计价时期,定额用于标底的编制及投资额度的预算。定额对装饰施工仅具有指导意义。

3)先进性和群众性

定额制定是根据当时的社会生产力水平,在大量的竣工结算资料,以及工程生产过程中数据的测定、分析、研究的基础上制定出来的。因此,它来源于实践,具有广泛的群众基础。定额编写是由定额管理技术人员、工人和工程技术人员,以科学分析的方法,排除其他个别特殊情况,在正常生产条件下确定出来的合理、科学的操作方法、时间及消耗。因此,它又具有先进性,代表了平均先进水平。定额具有广泛的群众基础,当定额颁发以后,就成为广大群众共同奋斗的目标,定额的制定和执行离不开群众,只有得到群众的协助,定额才能定得合理并能为群众所接受。

4)范围性和时间性

定额的种类很多,在编制范围上,有全国统一、地方各部门编制的定额与企业定额之分,故定额又有范围性。

定额是一定时期社会生产力水平的反映,随着社会生产力的进步,生产技术的发展,生产条件的提高,原有的定额就不能体现生产力水平,需要对其进行修改和补充。因此,定额具有明显的时间性。一般情况下,定额每5年都要作一次调整。

5)地域性

我国幅员辽阔,地域复杂,各地的自然资源条件和社会经济条件差异悬殊,因此,必须采用不同的定额。

▶ 8.1.3 装饰工程定额的水平及作用

1)建筑装饰工程预算定额的水平

建筑装饰工程预算定额的水平是社会平均水平。编制预算定额的目的在于确定建筑装饰工程中分项工程的预算价格,而任何产品的价格都是按生产该产品的社会必要劳动量来确定的。因而建筑装饰工程预算定额的各项消耗指标都应体现社会平均水平。

2)建筑装饰工程预算定额的作用

建筑装饰工程预算定额具有以下7个方面的作用:

①建筑装饰工程预算定额是对设计的建筑结构方案进行技术经济比较和对新结构、新材料进行技术经济分析的依据;

②建筑装饰工程预算定额是编制施工组织设计的依据;

③建筑装饰工程预算定额是编制施工图预算,确定工程造价的基础;

④建筑装饰工程预算定额是编制招标标底(招标控制价),进行投标标价的基础;

⑤建筑装饰工程预算定额是装饰企业进行经济活动分析的依据;

⑥建筑装饰工程预算定额是编制概算定额和概算指标的基础；

⑦建筑装饰工程预算定额是工程结算的依据。

▶ 8.1.4 装饰工程定额的编制原则及依据

1）装饰工程预算定额的编制原则

为保证预算定额的质量，充分发挥预算定额的作用，实际使用简便，在编制工作中应遵循以下原则：

（1）按社会平均水平确定预算定额的原则

预算定额是确定和控制建筑安装工程造价的主要依据。因此，它必须遵循价值规律的客观要求，即按生产过程中所消耗的社会必要劳动时间确定定额水平。所以预算定额的平均水平，是指在正常的施工条件下，即合理的施工组织和工艺条件、平均劳动熟练程度和劳动强度下，完成单位分项工程基本构造要素所需的劳动时间。

（2）简明适用的原则

简明适用一是指在编制预算定额时，对于那些主要的、常用的、价值量大的项目，分项工程划分宜细；次要的、不常用的、价值量相对较小的项目则可以粗一些。二是指预算定额要项目齐全。要注意补充那些因采用新技术、新结构、新材料而出现的新的定额项目。如果项目不全，缺项多，就会使计价工作缺少充足可靠的依据。三是要求合理确定预算定额的计算单位，简化工程量的计算，尽可能避免同一种材料用不同的计量单位和一量多用，尽量减少定额附注和换算系数。

（3）坚持统一性和差别性相结合的原则

所谓统一性，就是从全国统一市场规范计价行为出发；所谓差别性，就是在统一性的基础上，各部门和省、自治区、直辖市主管部门可在自己的管辖范围内，根据本部门和地区的具体情况，制定部门和地区性定额、补充性制度和管理办法。

2）建筑装饰工程预算定额的编制依据

建筑装饰工程预算定额的编制依据包括以下 6 个方面：

①根据正常的施工条件；

②现行设计标准或典型设计图纸；

③国家颁发的建筑装饰工程施工验收规范；

④装饰工程质量评定标准；

⑤装饰工程安全操作规程；

⑥当地颁布的各种有关规定。

8.2 装饰工程消耗量指标的确定

▶ 8.2.1 人工消耗量的确定

建筑装饰工程预算定额人工消耗量是指为完成某一分项工程必需的各工序用工量之和。

定额人工工日不分工种、技术等级,一律用综合工日表示。其内容有基本用工和其他用工两种。

1)基本用工

基本用工是指完成分项工程的主要用工量。

$$基本用工量 = \sum (工序工程量 \times 时间定额)$$

2)其他用工

其他用工是指辅助用工、超运距用工和人工幅度差。

(1)辅助用工

辅助用工是指劳动定额中未包括的而预算定额又必须考虑的辅助工序用工。其计算公式为:

$$辅助用工工日数 = \sum (材料加工量 \times 时间定额)$$

(2)超运距用工

超运距用工是指预算定额中所规定的运距超过劳动定额基本用工范围的距离增加的用工。其计算公式为:

$$超运距用工 = \sum (某项材料超运距时间定额 \times 相应超运距材料数量)$$

(3)人工幅度差

人工幅度差是指劳动定额中未包括的,但在正常施工情况下又不可避免要发生的无法计算的用工。如工序交叉、搭接停歇的时间损失;工作面转移造成的时间损失;工程检验影响的时间损失等。其计算公式为:

$$人工幅度差 = (基本用工 + 辅助用工 + 超运距用工) \times 人工幅度差系数$$

通常建筑装饰工程人工幅度差系数取10%。则

$$人工消耗量 = \sum (基本用工 + 辅助用工 + 超运距用工) \times (1 + 人工幅度差系数)$$

▶ 8.2.2　材料消耗量的确定

材料消耗量是指完成单位合格产品所必须消耗的各种材料用量。按使用性质、用途和用量大小可划分为以下4类:

1)主要材料

主要材料是指直接构成工程实体的材料,如水磨石、陶瓷砖等。

2)辅助材料

辅助材料也是构成工程实体,但使用比重较小的材料,如垫木等。

3)周转性材料

周转性材料是指施工中多次周转使用但不构成工程实体的材料,如模板、脚手架等。

4)次要材料

次要材料是指用量很小,价值不大,不便计算的零星用料。一般用估算的方法计算,以"其他材料费"列入定额,以"元"为单位表示。

▶ 8.2.3　机械消耗量的确定

机械台班消耗量是指在合理的劳动组织和合理使用施工机械的正常施工条件下,完成一

定计量单位质量合格产品所需消耗的机械工作时间。

预算定额中的机械消耗量一般根据施工定额确定机械台班消耗量,即根据施工定额或劳动定额中机械台班产量加机械幅度差计算预算定额的机械台班消耗量。其计算公式为:

$$机械台班消耗量 = 施工定额中机械台班用量 + 机械幅度差$$

8.3 装饰工程预算单价的确定

▶ 8.3.1 生产工人日工资单价的确定

人工工日单价是指一个建筑安装工人一个工作日里在预算中应计入的全部人工费用。它由基本工资、工资性补贴、生产工人辅助工资、职工福利费和生产工人劳动保护费5部分组成。

1)基本工资

基本工资是指发放给生产工人的基本工资。

2)工资性补贴

工资性补贴是指按规定标准发放的物价补贴,煤、燃气补贴,交通补贴,住房补贴,流动施工津贴等。

3)生产工人辅助工资

生产工人辅助工资是指生产工人年有效施工天数以外非作业天数的工资。包括职工学习、培训期间的工资,调动工作、探亲、休假期间的工资,因气候影响的停工工资,哺乳期间的工资,病假在6个月以内的工资以及产、婚、丧假期的工资。

4)职工福利费

职工福利费是指按规定标准计提的职工福利。

5)生产工人劳动保护费

生产工人劳动保护费是指按规定标准发放的劳动保护用品的购置费及修理费、徒工服装补贴、防暑降温费、在有碍身体健康环境中施工的保健费等。

2008年《重庆市装饰工程计价定额》规定:"本定额用工不分工种、技术等级,以装饰综合工日表示。"内容包括:基本用工、超运距用工、人工幅度差、辅助用工。人工单价为28元/工日。人工单价包括基本工资、工资性补贴、辅助工资、职工福利费和劳动保护费。

▶ 8.3.2 材料单价的确定

1)材料预算价格

材料预算价格是指施工过程中耗费的构成工程实体的原材料、辅助材料、构配件、零件、半成品的费用。其内容包括以下几个方面:

①材料原价(或供应价格)。

②材料运杂费:是指材料自来源地运至工地仓库或指定堆放地点所发生的全部费用。

③运输损耗费:是指材料在运输装卸过程中不可避免的损耗。

④采购及保管费:是指为组织采购、供应和保管材料过程中所需要的各项费用,包括采购费、仓储费、工地保管费、仓储损耗。

$$材料单价 = [(材料原价 + 运杂费) \times (1 + 运输损耗率(\%))] \times [1 + 采购保管费率(\%)]$$

2)工程设备费

$$工程设备费 = \sum (工程设备量 \times 工程设备单价)$$

$$工程设备单价 = (设备原价 + 运杂费) \times [1 + 采购保管费率(\%)]$$

▶ 8.3.3 机械台班单价的确定

施工机械使用费是指施工机械作业所发生的机械使用费以及机械安拆费和场外运费。其公式为:

$$施工机械使用费 = \sum (施工机械台班消耗量 \times 机械台班单价)$$

$$机械台班单价 = 台班折旧费 + 台班大修费 + 台班经常修理费 + 台班安拆费及场外运费 +$$
$$台班人工费 + 台班燃料动力费 + 台班车船税费$$

由此可见,施工机械台班单价由下列7项费用组成:

①折旧费:是指施工机械在规定的使用年限内,陆续收回其原值及购置资金的时间价值。

②大修理费:是指施工机械按规定的大修理间隔台班进行必要的大修理,以恢复其正常功能所需的费用。

③经常修理费:是指施工机械除大修理以外的各级保养和临时故障排除所需的费用,包括为保障机械正常运转所需替换设备与随机配备工具、附具的摊销和维护费用,机械运转中日常保养所需润滑与擦拭的材料费用及机械停滞期间的维护和保养费用等。

④安拆费及场外运费:安拆费是指施工机械在现场进行安装与拆卸所需的人工、材料、机械和试运转费用以及机械辅助设施的折旧、搭设、拆除等费用;场外运费是指施工机械整体或分体自停放地点运至施工现场或由一施工地点运至另一施工地点的运输、装卸、辅助材料及架线等费用。

⑤人工费:是指机上司机(司炉)和其他操作人员的工作日人工费及上述人员在施工机械规定的年工作台班以外的人工费。

⑥燃料动力费:是指施工机械在运转作业中所消耗的固体燃料(煤、木柴)、液体燃料(汽油、柴油)及水、电的费用。

⑦养路费及车船使用税:是指施工机械按照国家规定和有关部门规定应缴纳的养路费、车船使用税、保险费及年检费等。

需要注意的是:工程造价管理机构在确定计价定额中的施工机械使用费时,应根据《建筑施工机械台班费用计算规则》结合市场调查编制施工机械台班单价。施工企业可参考工程造价管理机构发布的台班单价,自主确定施工机械使用费的报价,如租赁施工机械,其公式为:

$$施工机械使用费 = \sum (施工机械台班消耗量 \times 机械台班租赁单价)$$

8.4 重庆市装饰工程计价定额的应用

通常使用装饰工程定额时会遇到3种情况:定额的直接套用、定额调整与换算和定额补充。本节针对定额的具体应用进行详细讲解。

▶ 8.4.1 装饰工程计价定额组成

《重庆市装饰工程计价定额》（CQZSDE—2008）由以下内容组成，如图 8.1 所示。

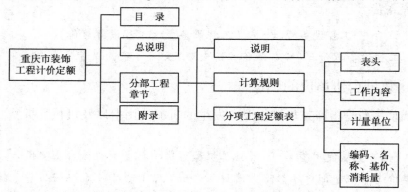

图 8.1 重庆市装饰工程计价定额组成

1）目录

为了查找、检索定额项目方便，编制了相应章节的目录。

2）总说明

总说明主要介绍定额的内容、适用范围、编制依据、适应条件和工作内容，人工、材料、施工机械台班消耗量的确定方法及确定依据等。

3）分部分项工程章节

分部分项工程包括楼地面工程，墙柱面工程，天棚工程，门窗工程，油漆、涂料、裱糊工程，其他工程，拆除工程，脚手架工程，垂直运输及超高增加费共 9 章，主要内容如下：

①说明：主要说明本章定额的适用范围、内容及有关定额系数的规定等。

②计算规则：详细说明本章定额工程量的计算规则。

③分项工程定额表，这是每册定额的重要内容，是定额使用中人工、材料、施工机械的费用计算及消耗量确定的重要依据，包括：

a.表头：一级名称；

b.工作内容：定额子目项包括的工作内容；

c.计量单位：一般为扩大单位；

d.定额编号：分项工程的定额编码；

e.项目名称：二级名称（项目特征）；

f.基价及人工费、材料费、机械费；

g.定额人工、材料、机械台班消耗量。

4）附录

附录包括说明材料、半成品、成品损耗率。

▶ **8.4.2 装饰工程计价定额的直接套用**

1)直接套用的条件

当工程项目设计的内容和施工要求与定额表中工作内容完全一致时,可直接套用定额项目,绝大多数工程项目属于这种情况。

2)直接套用定额项目的步骤

直接套用定额项目的步骤如下:

①从定额目录中查出某分部分项工程所在的定额编号。

②判断该分部分项工程内容与定额规定的工程内容是否一致,是否可以直接套用定额基价。

③查出定额的人工、材料、机械台班消耗量。

④计算分项工程或结构构件的人工、材料、机械台班的消耗量,其中:

$$人工消耗量 = 工程量 \times 定额的综合人工消耗量$$

$$材料消耗量 = 工程量 \times 定额相应的材料消耗量$$

$$机械台班消耗量 = 工程量 \times 定额的相应机械台班消耗量$$

⑤计算人工费、材料费、施工机械使用费及直接工程费。

【例8.1】 已知某办公楼砖墙面用水泥砂浆镶贴 $600 \text{ mm} \times 600 \text{ mm}$ 人造大理石板,面积为 $2\,500 \text{ m}^2$,已查询到的造价信息: $600 \text{ mm} \times 600 \text{ mm}$ 大理石 180 元$/\text{m}^2$,白水泥 800 元$/\text{t}$,建筑胶水 50 元/桶(20 kg)。试计算:

(1)人工、主要材料消耗量。

(2)计算人工费、主要材料费及直接工程费。

【解】 (1)查装饰计价定额

确定定额编码 BB0044:定额基价 167.96 元$/10 \text{ m}$,人工 28 元/工日。

(2)计算人工、主要材料消耗量

①人工消耗量 $= 5.216 \times 2\,500 \div 10 = 1\,304.000$(工日)

②主要材料消耗量:

a. 水泥砂浆 $1:1 = 0.067 \times 2\,500 \div 10 = 16.750$($\text{m}^3$)

查询《混凝土及砂浆配合比表》:水泥砂浆 $1:1$ 为 244.13 元$/\text{m}^3$,其中,

32.5 水泥 $= 878.000 \times 16.750 = 14\,706.500$($\text{m}^3$)

特细砂 $= 0.957 \times 16.750 = 16.030$(t)

b. 白水泥 $= 1.550 \times 2\,500 \div 10 = 387.500$(kg)

c. 大理石 $600 \times 600 = 10.300 \times 2\,500 \div 10 = 2\,575.000$($\text{m}^2$)

d. 黏结剂(建筑胶水):$5.790 \times 2\,500 \div 10 = 144.750$(kg)

(3)计算人工费及直接工程费

人工费 $= 1\,304.000 \times 28 = 36\,512.00$(元)

主要材料费:

水泥砂浆 $1:1 = 244.13 \times 16.750 = 4\,089.18$(元)

白水泥 $= 800 \div 1\,000 \times 387.500 = 310.00$(元)

$$大理石\ 600 \times 600 = 180 \times 2\ 575.000 = 463\ 500.00(元)$$

$$黏结剂(建筑胶水) = 50 \div 20 \times 144.750 = 361.88(元)$$

直接工程费 $= 167.96 \times 2\ 500 \div 10 + 4\ 089.18 + 310.00 + 463\ 500.00 + 361.88 = 510\ 251.06(元)$

▶ 8.4.3 装饰工程计价定额的换算

1)定额换算的条件

①当工程项目设计的内容和施工要求与定额表中工作内容部分不相符,而不是完全不相符;

②必须是定额说明(总说明、分部说明)及现行规定允许换算的内容。

同时满足上述两个条件,才能进行换算和调整,也就是说,使得装饰计价定额中规定的内容和设计图纸要求的内容取得一致的过程,就称为定额的换算或调整。

2)定额换算的基本方法

（1）比例换算法

比例换算法是定额换算中广泛使用的一种方法。定额取定不同时,以定额取定值为基准,随设计的增减而成比例地增加或减少材料用量。

$$调整材料用量 = 设计厚度 \div 定额取定厚度 \times 定额消耗量$$

【例8.2】 建筑物外墙为混凝土墙面,墙垂直投影面积 $1\ 000\ m^2$,做干粘石面层,要求 $1:3$ 水泥砂浆厚度为 $20\ mm$,试计算人工、主要材料消耗量。

【解】 （1）查装饰计价定额

确定定额编码 BB0026:定额基价 85.86 元$/10\ m^2$,人工 28 元/工日,$1:3$ 水泥砂浆厚度为 $18\ mm$。

（2）计算人工、主要材料消耗量

①人工消耗量 $= 2.783 \times 1\ 000 \div 10 = 278.30(工日)$

②主要材料消耗量。

说明:定额中 $1:3$ 水泥砂浆厚度为 $18\ mm$,而设计要求为 $20\ mm$,定额说明是可以换算的,因此要进行砂浆厚度的换算。

a. $20\ mm$ 厚 $1:3$ 水泥砂浆换算后的消耗量 $= 20 \div 18 \times 0.208 \times 1\ 000 \div 10 = 23.100(m^3)$

查询《混凝土及砂浆配合比表》:水泥砂浆 $1:1$ 为 137.09 元$/m^3$,其中,

32.5 水泥 $= 411.000 \times 23.100 = 11\ 018.700(m^3)$

特细砂 $= 1.344 \times 23.100 = 31.046(t)$

b. 石子 $= 75.537 \times 23.100 = 1\ 744.905(kg)$

注:若要算人工费、主要材料费及直接工程费,计算方法同【例8.1】,实际工程中水泥砂浆中的水泥、特细砂、水的单价按市场价进行调整。

（2）系数调整法

系数调整法也是一种按比例换算法,只是比例系数是确定不变的。系数调整法是按定额规定的增减系数调整定额人工、材料或机械费。其计算公式为:

$$调整后的人工定额用量 = 人工定额消耗量 \times 系数$$

$$调整后的材料定额用量 = 材料定额消耗量 \times 系数$$

$$调整后的机械台班定额用量 = 机械台班定额消耗量 \times 系数$$

【例 8.3】　某室内装修工程,地面铺设不固定式地毯(对花铺设)100 m²,试计算人工、主要材料消耗量。

【解】　(1)查装饰计价定额

确定定额编码 BA0075:定额基价 67.29 元/10 m²。

(2)计算人工、主要材料消耗量

说明:定额说明 P5 地毯分色、对花时,人工乘以系数 1.15,其余不变。

①人工消耗量:$1.700 \times 100 \div 10 \times 1.15 = 19.550$(工日)

②主要材料消耗量:

地毯 $= 10.700 \times 100 \div 10 = 107.000$(m²)

注:若要算人工费、主要材料费及直接工程费,计算方法同【例 8.1】,实际工程中水泥砂浆中的水泥、特细砂、水的单价按市场价进行调整。

(3)砂浆配合比换算

当定额中所注明的砂浆种类、配合比、材料型号和规格等与设计要求不同时,定额规定可以换算。砂浆配合比的换算,主要是在单价上的改变。定额规定其基价可以调整,但定额数量不变。

(4)基本项目增减项换算

在定额换算中,按定额的基本项和增减项进行换算的项目较多,如油漆喷、涂刷遍数的换算。

▶ 8.4.4　装饰工程计价定额的补充

当施工图纸中的项目内容采用的是新材料、新工艺、新结构,而这些项目还未列入定额中或定额中缺少某类项目,也没有相类似的定额供参照时,为了确定其预算价值,就必须采用补充定额。采用补充定额时,应在定额编号内填写一个"补"字,以示区别。

9

施工图预算

9.1 施工图预算概述

▶ 9.1.1 施工图预算的概念和作用

1）施工图预算的概念

施工图预算是在施工图设计阶段，当工程设计完成后，单位工程开工前，由施工单位根据已审定的施工图文件、预算定额、施工组织设计或施工方案、国家规定的各项费用标准、生产要素预算价格、建设地区的自然和技术条件等资料，编制的拟建工程所需建设费用的经济文件。

2）施工图预算的作用

①施工图预算是控制施工图设计费用不高于设计概算费用的重要措施，也是进行优化设计、确定设计方案的依据；

②施工图预算是编制基本建设计划、衡量设计方案是否经济合理的依据；

③施工图预算是确定合同价款的基础，编制和调整固定资产投资计划、施工单位加强内部经济核算的依据；

④施工图预算是施工单位组织施工、进行计划管理的依据；

⑤施工图预算是造价管理部门检查定额执行情况和确定工程造价指数的参考依据。

▶ 9.1.2　施工图预算的编制依据和组成

1）施工图预算的编制依据

①经过会审的施工图和文字说明以及工程地质资料；

②经过批准的单位工程施工组织设计和施工方案；

③现行预算定额、地区材料构配件预算价格、台班单价和地区单位估价表；

④人工、材料、机械台班预算价格及调价规定，设备原价及运输费率；

⑤现行建筑安装工程费用定额、各项取费标准；

⑥工程所在地的自然条件和施工条件等可能影响造价的因素；

⑦其他资料，如预算工作手册、有关工具书等。

2）施工图预算的组成

施工图预算分为单位工程预算、单项工程预算和建设项目总预算。单位工程预算是根据施工图设计文件、现行预算定额、费用定额以及人工、材料、设备、机械台班预算价格等资料编制的单位工程建设费用的文件，包括封面、总说明、工程预算表、工程取费表、价差调整表等。汇总所有单位工程施工图预算，成为单项工程施工图预算；再汇总各单项工程施工图预算，便是一个建设项目总预算。

单位工程预算包括一般土建工程预算，给排水工程预算，采暖通风工程预算，电气照明工程预算，工业管道工程预算，机械设备安装工程预算，电气设备安装工程预算和化工设备、电力设备安装工程预算，装饰工程预算等。

▶ 9.1.3　施工图预算的编制步骤

1）熟悉图纸资料，了解装饰现场情况

在编制施工图预算以前，需要熟读装饰施工图纸，对设计图纸和有关标准图的内容、施工说明及各张图纸之间的关系进行从个别到综合的熟悉，充分掌握设计意图，了解装饰工程全貌。读图的同时，还要熟悉施工组织设计，并深入拟建工地，了解现场实际情况。如果异地施工，还需尽快熟悉当地定额及各类相关规定，收集有关文件和资料。

2）列项并计算工程量

首先根据清单要求、工程所在地定额要求、图纸设计内容、合同条款，详细地列出应计算工程量的分项工程项目，以避免漏算和错算，然后准确计算工程量。工程量计算是预算编制工作各环节中最重要的一环，是编制工作中花费时间最长、付出劳动量最大的一项工作。工程量计算的快慢、正确与否，直接关系预算的及时性和准确性，故需要仔细地做好这一步工作。

3）套用定额，计算直接费和主材消耗量

将计算好的各分项工程数量，按定额规定的计算单位、定额分部顺序分别填入工程预算表中。再从定额附表中查出相应的分项工程定额编号、基价、人工费单价、材料费单价、机械费单价、定额人工消耗量、定额材料消耗量,也填入预算表中。然后将工程量分别与基价相乘,工程量与定额主材(未计价材料)消耗量相乘,即可得出各分项工程的直接工程费、人工费、材料费、机械费和各种材料用量。每个分部工程各项数据计算完毕,最后汇总各分部结果,得出单位工程的直接工程费、人工费、材料费、机械费和各种材料用量。

4)根据相关规定取费计算

直接工程费汇总后,按地区统一规定、相关文件说明,计算其他各项费用(组织措施费、企业管理费、规费、安全文明施工费、档案编制费、税金等),由此求得工程预算造价。造价计算出来后,再计算每平方米建筑面积的造价指标。为了积累资料,还应计算每平方米的人工费、材料费、施工机械使用费、各大主材消耗量等指标。

5)校核,填写编制说明,装订,签章及审批

做完上述各步,首先自己校核审查,如实填写编制说明和封面,装订成册,经复查后签章并送审。

▶ 9.1.4 施工图预算的编制方法

编制施工图预算主要有两种方法,即实物工程量法和单位估价法。

1)实物工程量法

(1)实物工程量法的含义

实物工程量法简称实物法,是根据施工图纸和工程量计算规则,计算分项工程量,然后套用相应的人工、材料、机械台班的定额用量,并按不同品种、规格、类型加以汇总,得出该工程全部人工、材料、机械台班耗用量,再分别乘以工程所在地当时的人工、材料、机械台班的实际单价,求出单位工程的人工费、材料费和施工机械使用费,并汇总求得直接工程费,最后按规定计取其他各项费用,汇总得出单位工程施工图预算造价。

实物法的优点是能比较及时地将反映各种材料、人工、机械的当时当地市场单价计入预算价格,不需调价,能准确地反映当时当地的工程价格水平。

实物法编制施工图预算,其中直接工程费的计算公式为:

$$单位工程预算直接费 = \sum(分项工程量 \times 人工预算定额用量 \times 当时当地人工工资单价) + \sum(分项工程量 \times 材料预算定额用量 \times 当时当地材料预算价格) + \sum(分项工程量 \times 施工机械台班预算定额用量 \times 当时当地机械台班单价)$$

(2)实物工程量法编制施工图预算的步骤

①收集资料,熟悉图纸和预算定额;

②了解施工组织设计和现场情况;

③划分施工项目;

④按定额规定的工程量计算规则计算工程量;

⑤根据定额消耗量,乘以分项工程,计算人工、材料、机械台班消耗量;

⑥根据人工、材料、机械台班消耗量,分别乘以当时当地相应人工、材料、机械台班的实际

市场单价,即可求出单位工程的人工费、材料费、机械使用费;

⑦计算措施费、企业管理费、利润、规费和税金等其他费用;

⑧复核,编制说明,填写封面。

2)单位估价法

(1)单位估价法的含义

单位估价法简称单价法,是利用各地区、各部门事先编制好的分项工程单位估价表或预算定额单价来编制施工图预算的方法。首先按施工图纸和工程量计算规则,计算各分项工程的工程量,并乘以相应单价,汇总得单位工程直接费,再按规定程序计算措施费、企业管理费、利润、规费和税金,便可得出单位工程施工图预算造价。

单位估价法编制施工图预算的计算公式为:

$$单位工程施工图预算直接费 = \sum (分项工程量 \times 分项工程单价)$$

根据分项工程单价所包含的费用内容不同,可分为工料机单价法和综合单价法。

(2)工料机单价法

工料机单价法是以分部分项工程量乘以定额人工、材料、机械的合价,即定额基价确定直接工程费。直接工程费汇总后另加措施费、企业管理费、利润、规费和税金生成工程预算价格。编制步骤如下:

①收集资料,熟悉图纸和预算定额;

②了解施工组织设计和现场情况;

③划分工程项目;

④按定额规定的工程量计算规则计算工程量;

⑤套定额单价,即将定额子项中的单价乘以工程量;

⑥工料分析,依据定额计算人工和各种材料的实物消耗量;

⑦根据材料市场价与定额单价之差计算材料差价;

⑧按费用定额取费,计取措施费、企业管理费、利润、规费和税金等。

(3)综合单价法

综合单价法是目前建筑安装工程费计算中的一种比较合理的计价方法,根据单价综合的费用内容不同,综合单价可进一步分为全费用综合单价和非全费用综合单价。

①全费用综合单价:即单价中综合了分项工程人工费、材料费、机械费、管理费、利润、规费及有关文件规定的调价、税金以及一定范围的风险费用等全部费用。以各分项工程量乘以全费用单价的合价汇总后,再加上措施项目的完全价格,就生成了单位工程造价。

②非全费用综合单价:单价中综合了人工费、材料费、施工机械使用费、企业管理费、利润,并考虑一定范围的风险费用,但并未包括措施费、规费和税金,因此它是一种不完全单价。清单计价法目前即采用此种形式的综合单价。以各分部分项工程量乘以该综合单价汇总后,再加上措施项目费、规费和税金,就是单位工程造价。

以清单综合单价法为例,编制施工图预算的步骤如下:

a. 收集资料,熟悉图纸和预算定额;

　　b.了解施工组织设计和现场情况；

　　c.划分工程项目，计算工程量；

　　d.确定综合单价；

　　e.分部分项工程费 = $\sum$（分部分项工程量×分部分项工程综合单价）；

　　f.计算措施项目费、其他项目费、规费、税金。

9.2　施工图预算的编制

▶ 9.2.1　费用组成及计算方法

　　施工图预算的费用由直接费、间接费、利润和税金组成。重庆地区文件还包括建设工程竣工档案编制费、住宅工程质量分户验收费、安全文明施工费。计算方法见表1.5。

▶ 9.2.2　价差的调整

　　装饰工程计价时，主要材料均为未计价材料，因此不作价差调整，一般只调整定额人工费，人工费按渝建〔2016〕71号规定计算或按实际价格调整。

　　【例9.1】　某装饰工程执行《重庆市装饰工程计价定额》（2008），单位工程定额人工费合计280 000元，而实际人工单价按照98元/工日，试计算人工价差。

　　【解】　人工价差 = （280 000 ÷ 28）×（98 - 28） = 700 000（元）

▶ 9.2.3　施工图预算书的组成

　　按2008年《重庆市建设工程费用定额》和《关于调整工程费用计算程序及工程计价表格的通知》（渝建价发〔2014〕6号），按计价定额编制的施工图预算书一般由下列主要表格组成：

　　①封面；

　　②编制说明；

　　③工程取费表；

　　④工程预（结）算表；

　　⑤未计价材料表；

　　⑥人工费、材料费价差调整表；

　　⑦按实计算费用表。

▶ 9.2.4　施工图预算的编制实例

　　按某小区B-1户型样板间室内装修图计算编制。

　　1）定额工程量计算书

　　定额工程量计算书（汇总）如下表所示。

定额工程量计算书（汇总）

序号	定额编码	项目名称	单位	工程量	汇总计算式（详见各章节）
一		楼地面工程			
1	BA0037	室内 1:2.5 水泥砂浆粘贴 HT-1 600 mm×600 mm 地砖铺贴	m²	33.81	客厅、餐厅及厨房=33.81
2	BA0036	室内 1:2.5 水泥砂浆粘贴 HT-2 300 mm×300 mm 防滑砖	m²	3.33	卫生间=3.33
3	BA0036	室内 1:2.5 水泥砂浆粘贴 HT-3 300 mm×300 mm 防滑砖	m²	7.84	景观阳台+生活阳台=5.46+2.38=7.84
4	借 AJ0036	地面 K11 涂膜防水涂层（上翻 500 mm 以内）	m²	16.94	卫生间+景观阳台+生活阳台=6.6+6.16+4.18=16.94
5	借 AJ0037	墙面 K11 涂膜防水涂层（上翻 500 mm 以上）	m²	14.46	卫生间+景观阳台+生活阳台=8.50+1.82+4.14=14.46
6	BA0084	室内 WD-1 成品实木木地板铺装	m²	9.92	主卧室=9.92
7	借 AI0003	20 mm 厚砂石天然级配垫层	m³	0.29	主卧室+书房=0.20+0.09=0.29
8	BA0076	室内 CA-1 地毯铺设	m²	4.59	书房=(2.9-0.1×2)×1.7=4.59
9	BA0001-2×BA0003 换	10 mm 厚 1:2.5 水泥砂浆找平层	m²	4.59	书房=(2.9-0.1×2)×1.7=4.59
10	BA0023	ST-2 阿曼米黄石材门槛石铺装	m²	0.95	客厅、餐厅及厨房+卫生间+景观阳台+生活阳台+主卧室+书房=0.21+0.08+0.5+0.16+0.09+0.09=0.95
11	BA0097 换	50 mm MT-01 黑色镜面不锈钢踢脚线	m	34.97	客厅及餐厅+主卧室+书房=18.30+11.55+5.12=34.97
二		墙柱面工程			
12	BB0169 换	WD-2 咖啡梨木墙饰面	m²	14.31	客厅及餐厅+主卧室=11.54+2.77=14.31
13	BB0146	墙面 FB-1 皮革硬包饰面	m²	11.76	客厅及餐厅+主卧室=7.35+4.41=11.76
14	BB0132 换	墙面 GL-01 银镜磨花饰面	m²	5.05	客厅（C 立面）=5.05
15	BB0128	18 mm 木工板基层	m²	32.23	客厅及餐厅=12.18+7.35+5.39=24.92 主卧室=2.90+4.41=7.31 合计：客厅及餐厅+主卧室=32.23
16	BB0117	木工龙骨 20 mm×50 mm	m²	32.23	客厅及餐厅=12.18+7.35+5.39=24.92 主卧室=2.90+4.41=7.31 合计：客厅及餐厅+主卧室=32.23

定额工程量计算书(汇总)

工程名称:某小区 B-1 户型样板间装修工程

17	BB0094	300 mm × 600 mm 墙面贴砖,5 mm 厚1:2.5 水泥砂浆	m²	29.61	厨房 + 卫生间 = 14.6 + 15.01 = 29.61
18	按实计算	5 mm 清波	m²	3.86	客厅(C 立面墙)= 2.52 × 1.53 = 3.86
三		天棚工程			
19	BC0010	跌级不上人 U 形轻钢龙骨间距 400 mm	m²	48.36	客厅、餐厅 + 主卧室 + 主卧室飘窗 + 书房 = 28.96 + 9.38 + 2.32 + 7.70 = 48.36
20	BC0009	平面不上人 U 形轻钢龙骨间距 400 mm	m²	7.92	厨房 + 卫生间 = 4.59 + 3.33 = 7.92
21	BC0061	天棚吊顶木工板基层	m²	7.73	客厅、餐厅及厨房 + 主卧室飘窗 = 6.84 + 0.89 = 7.73
22	BC0061 R × 1.1 换	跌级天棚吊顶木工板基层	m²	2.06	主卧室 + 书房 = 1.11 + 0.95 = 2.06
23	BC0081	石膏板面层(搁在龙骨上)	m²	33.67	客厅、餐厅及厨房 + 主卧室飘窗 = 31.41 + 2.26 = 33.67
24	BC0081 R × 1.1 换	跌级天棚石膏板面层(搁在龙骨上)	m²	16.67	主卧室 + 书房 = 9.38 + 7.29 = 16.67
25	BC0082	石膏板面层(贴在木工板上)	m²	7.73	客厅、餐厅及厨房 + 主卧室飘窗 = 6.84 + 0.89 = 7.73
26	BC0082 R × 1.1 换	跌级天棚石膏板面层(贴在木工板上)	m²	2.06	主卧室 + 书房 = 1.11 + 0.95 = 2.06
27	BC0069	天棚吊顶埃特板面层	m²	3.33	卫生间 = 3.33
28	BC0135	灯槽	m	7.19	6.73 + 0.03 × 2 + 0.2 × 2 = 7.19
四		门窗工程			
29	BD0057	428 mm 黑色不锈钢镜面门窗套	m²	10.80	入户门、卧室门、书房门、厨房门 + 客厅 5 mm 清波框 = 7.716 + 3.078 = 10.80
五		油漆、涂料、裱糊工程			
30	BE0228	墙面贴墙纸 WC-2	m²	46.93	客厅、餐厅 + 主卧 + 书房 = 17.42 + 14.80 + 14.71 = 46.93
31	BE0181	墙面刮成品腻子粉防水型	m²	46.93	客厅、餐厅 + 主卧 + 书房 = 17.42 + 14.80 + 14.71 = 46.93
32	BE0080	墙面咖啡梨木饰面刷硝基清漆两遍	m²	14.31	客厅、餐厅 + 主卧室 = 11.54 + 2.77 = 14.31

定额工程量计算书(汇总)

33	BE0119	墙面木龙骨喷刷防火涂料两遍	m²	32.23	客厅、餐厅+主卧室=24.92+7.31=32.23
34	BE0125	墙面 18 mm 木工板基层喷刷防火涂料两遍	m²	32.23	客厅、餐厅+主卧室=24.92+7.31=32.23
35	BE0125 $R\times1.3$, $C\times1.1$ 换	天棚吊顶木工板基层喷刷防火涂料两遍	m²	12.17	客厅、餐厅+主卧室+主卧室飘窗+卫生间=6.84+1.11+0.89+3.33=12.17
36	BE0189 $R\times1.3$, $C\times1.1$ 换	天棚刷 PT-3 黑色乳胶漆(两遍)	m²	1.06	主卧室+书房+客厅、餐厅及厨房=0.28+0.23+0.55=1.06
37	BE0189 $R\times1.3$, $C\times1.1$ 换	天棚刷 PT-1 白色乳胶漆(两遍)	m²	65.43	主卧室+主卧室飘窗+书房+客厅、餐厅及厨房+景观阳台及生活阳台=10.21+2.62+7.61+37.15+7.84=65.43
38	BE0189 $R\times1.3$, $C\times1.1$ 换	PT-2 防水乳胶漆(两遍)	m²	3.33	卫生间=3.33
39	BE0181 $R\times1.3$, $C\times1.1$ 换	天棚刮成品腻子粉(防水型)	m²	69.82	1.06+65.43+3.33=69.82(36~38项)
40	BE0003 $R\times1.3$, $C\times1.1$ 换	窗帘盒刷 PT-1 白色乳胶漆	m	20.60	客厅、书房及主卧室=20.60
五		其他工程			
41	BF0090	窗帘盒	m	10.10	10.10
42	BF0086 换	ST-1 爵士白石材窗台板	m²	2.32	主卧室飘窗=2.32
43	按实计算	不锈钢栏杆	m	9.00	1.9+7.1
44	按实计算	20 mm 黑色镜面不锈钢装饰线条	m	54.594	54.594
45	按实计算	50 mm 黑色镜面不锈钢装饰线条(挂镜线)	m	48.32	48.32
46	按实计算	定制衣柜	m²	6.028	$1.85\times2.35+1.05\times1.6$
47	按实计算	榻榻米	m²	2.675	$1.216\times2.2=2.675$
48	按实计算	写字台	m²	2.433	
49	按实计算	定制橱柜,吊柜	m	3.618	2.34+1.278=3.618

2）某小区 B-1 户型样板间装饰工程预算书的编制

重庆市建筑安装工程造价预（结）算书

某小区 B-1 户型样板间装饰工程预算书

建设单位：×××房地产公司　　工程名称：某小区 B-1 户型样板间　　建设地点：重庆沙坪坝区
　　　　　　　　　　　　　　　　　　　　装饰工程预算书

施工单位：重庆某装饰工程　　　工程类别：一类　　　　　　　　　建设日期：×年×月×日
　　　　　　有限公司

工程规模：68.49 m²　　　　　　工程造价：83 075.68 元　　　　　单位造价：1 212.96 元/m²

建设（监理）　　　　　　　　　施工（编制）
单位：　　　　　　　　　　　　单位：　　　　　　　　　　　　审核单位：
审核人资格证章：　　　　　　　编制人资格证章：　　　　　　　审核人资格证章：
　　　　年　月　日　　　　　　　　　年　月　日　　　　　　　　　年　月　日

编制说明

1. 工程概况：

（1）工程名称：某小区 B-1 户型样板间装饰装修工程。

（2）建筑面积或容积：68.49 m²。

（3）建筑层数和高度：样板房层高 3 m。

（4）工程设计主要特点概述：该装饰工程为样板房的装饰装修，装修为现代风格，样板间户内均不做门。

2. 编制范围：

某小区 B-1 户型样板间的楼地面、墙柱面、天棚、门窗等装饰装修工程。

3. 编制依据：

（1）某小区 B-1 户型样板间装饰装修工程图纸。

（2）《重庆市装饰工程计价定额》（2008）。

（3）《重庆市建设工程费用定额》（2008）。

（4）人工调整单价为 98 元/工日，未计价材料按市场价计取。

（5）重庆地区现行文件（2013 年—2016 年 3 月）。

4. 其他说明：

本工程要求为优良工程。

5. 造价汇总：

83 075.68 元。

工程取费表

工程名称:某小区 B-1 户型样板间装饰工程预算书　　　　　　　　　　　　第 1 页 共 2 页

序号	费用名称	计算公式	费率/%	金额/元	备 注
一	直接费	直接工程费 + 组织措施费 + 允许按实计算费用及价差		76 003.52	
1	直接工程费	人工费 + 材料费 + 机械费 + 未计价材料费		54 438.63	
1.1	人工费	定额基价人工费 + 定额人工单价(基价)调整		10 228.87	
1.1.1	定额基价人工费	人工费		3 364.76	
1.1.2	定额人工单价(基价)调整	人工费×(3.04 − 1)		6 864.11	渝建发〔2016〕71 号
1.2	材料费	材料费		1 790.68	
1.3	机械费	定额基价机械费 + 定额机上人工单价(基价)调整		214.38	
1.3.1	定额基价机械费	机械费		214.38	
1.3.1.1	定额基价机上人工费	定额基价机上人工费			
1.3.2	定额机上人工单价(基价)调整	定额基价机上人工费×(2.39 − 1)			
1.4	未计价材料费	主材费 + 设备费		42 204.7	
2	组织措施费	夜间施工费 + 包干费 + 已完工程及设备保护费 + 工程定位复测、点交及场地清理费 + 材料检验试验费		654.78	渝建发〔2014〕27 号
2.1	夜间施工费	定额基价人工费	8.46	284.66	
2.2	包干费	定额基价人工费	3	100.94	
2.3	已完工程及设备保护费	定额基价人工费	4	134.59	
2.4	工程定位复测、点交及场地清理费	定额基价人工费	2.5	84.12	
2.5	材料检验试验费	定额基价人工费	1.5	50.47	

工程取费表

工程名称:某小区 B-1 户型样板间装饰工程预算书   第 1 页 共 2 页

序号	费用名称	计算公式	费率/%	金额/元	备 注
3	允许按实计算费用及价差	人工费价差 + 材料费价差 + 机械费价差 + 按实计算费用 + 其他		20 910.11	
3.1	人工费价差	人工价差		1 546.42	
3.2	材料费价差	材料价差 + 主材价差 + 设备价差		1 508.78	
3.3	机械费价差	机械价差			
3.4	按实计算费用	按实计算费		17 854.91	
3.5	其他				
二	间接费	企业管理费 + 规费		2 040.05	
4	企业管理费	定额基价人工费	35.43	1 192.13	渝建发〔2014〕27 号
5	规费	定额基价人工费	25.2	847.92	
三	利润	定额基价人工费	27.5	925.31	
四	建设工程竣工档案编制费	定额基价人工费	1.49	50.13	渝建发〔2014〕26 号
五	安全文明施工费	人工费 + 人工价差 - 预算	10.76	1 262.86	装饰工程费率标准:渝建发〔2014〕25 号
六	税金	直接费 + 间接费 + 利润 + 建设工程竣工档案编制费 + 安全文明施工费	3.48	2 793.81	
七	工程造价	直接费 + 间接费 + 利润 + 建设工程竣工档案编制费 + 安全文明施工费 + 税金		83 075.68	

工程预算表

工程名称：某小区 B-1 户型样板间装饰工程预算书

序号	定额编号	项目名称	单位	工程量	计价直接工程费						未计价材料费				
					基价/元		人工费/元		材料费/元		名称	单位	数量	单价/元	合价/元
					单价	合价	单价	合价	单价	合价					
		0201 第一章 楼地面工程													
1	BA0036	室内 1:2.5 水泥砂浆粘贴 HT-2 300 mm×300 mm 防滑砖(卫生间)	10 m²	0.333	84.7	28.21	74.03	24.65	3.27	1.09	水泥 32.5	kg	6.623 4	0.32	2.12
											白水泥	kg	0.343	0.7	0.24
											素水泥浆 普通水泥	m³	0.003 3	494.85	1.63
											水泥砂浆(特细砂)1:2.5	m³	0.067 3	252.75	17.01
											HT-2 300 mm×300 mm 防滑砖	m²	3.413 3	100	341.33

工程预算表

工程名称：某小区 B-1 户型样板间装饰工程预算书　　　　　　　　　　第 2 页 共 13 页

序号	定额编号	项目名称	单位	工程量	计价直接工程费						未计价材料费				
					基价/元		人工费/元		材料费/元						
					单价	合价	单价	合价	单价	合价	名称	单位	数量	单价/元	合价/元
2	BA0037	室内 1:2.5 水泥砂浆粘贴 HT-1 600 mm×600 mm 地砖铺贴(客厅、餐厅及厨房)	10 m²	3.381	89.24	301.72	78.15	264.23	3.27	11.06	水泥 32.5	kg	67.248 1	0.32	21.52
											白水泥	kg	3.482 4	0.7	2.44
											素水泥浆 普通水泥	m³	0.033 8	494.85	16.73
											水泥砂浆(特细砂)1:2.5	m³	0.683	252.75	172.63
											HT-1 600 mm×600 mm 地砖	m²	34.824 3	125	4 353.04
3	BA0036	室内 1:2.5 水泥砂浆粘贴 HT-3 300 mm×300 mm 防滑砖(阳台)[水泥砂浆(特细砂)1:2.5]	10 m²	0.784	84.7	66.4	74.03	58.04	3.27	2.56	水泥 32.5	kg	15.593 8	0.32	4.99
											白水泥	kg	0.807 5	0.7	0.57
											素水泥浆 普通水泥	m³	0.007 8	494.85	3.86

工程预算表

工程名称:某小区 B-1 户型样板间装饰工程预算书

序号	定额编号	项目名称	单位	工程量	计价直接工程费						未计价材料费				
					基价/元		人工费/元		材料费/元		名称	单位	数量	单价/元	合价/元
					单价	合价	单价	合价	单价	合价					
											水泥砂浆(特细砂)1:2.5	m³	0.158 4	252.75	40.04
											HT-3 300 mm×300 mm 防滑砖	m²	8.036	109	875.92
4	借 AJ0036	涂膜防水(潮)平面,地面 K11 涂膜防水 涂层(上翻 500 mm 以内)(卫生间+景观阳台+生活阳台)	100 m²	0.169 4	1 974.61	334.5	166.5	28.21	1 808.11	306.29					
5	借 AJ0037	涂膜防水(潮)立面,墙面 K11 涂膜防水 涂层(上翻 500 mm 以上)(卫生间+景观阳台+生活阳台)	100 m²	0.144 6	2 148.3	310.64	249.75	36.11	1 898.55	274.53					

工程预算表

工程名称:某小区 B-1 户型样板间装饰工程预算书

序号	定额编号	项目名称	单位	工程量	基价/元 单价	基价/元 合价	人工费/元 单价	人工费/元 合价	材料费/元 单价	材料费/元 合价	未计价材料费 名称	单位	数量	单价/元	合价/元
6	BA0084	室内 WD-1 成品实木木地板铺装（主卧室）	10 m²	0.992	63.63	63.12	54.24	53.81	3.97	3.94	WD-1 木地板	m²	10.416	320	3 333.12
7	借 AI 0003	20 mm 厚砂石天然级配垫层（主卧室＋书房）	10 m³	0.029	422.69	12.26	167.5	4.86	249.8	7.24					
8	BA0076 R×1.1	室内 CA-1 地毯铺设（书房）	10 m²	0.459	160.93	73.87	132.75	60.93	28.18	12.93	铝收口条（压条）	m	0.449 8	11	4.95
											黏结胶	kg	0.334 6	2.5	0.84
											CA-1 地毯	m²	4.911 3	102	500.95
											素水泥浆 普通水泥	m³	0.004 6	494.85	2.28
9	BA0001 换	10 mm 厚 1:2.5 水泥砂浆找平层（书房）	10 m²	0.459	14.94	6.86	13.94	6.4	0.12	0.06	水泥砂浆（特细砂）1:2.5	m³	0.092 7	277.21	25.7
											水泥砂浆（特细砂）1:2.5	m³	-0.046 8	252.75	-11.83

工程预算表

工程名称：某小区 B-1 户型样板间装饰工程预算书

序号	定额编号	项目名称	单位	工程量	计价直接工程费						未计价材料费				
					基价/元		人工费/元		材料费/元		名称	单位	数量	单价/元	合价/元
					单价	合价	单价	合价	单价	合价					
10	BA0023	ST-2 阿曼米黄石材门槛石铺装	10 m²	0.113	188.8	21.33	167.55	18.93	4.49	0.51	白水泥	kg	0.127 7	0.7	0.09
											素水泥浆 普通水泥	m³	0.001 2	494.85	0.59
											水泥砂浆（特细砂）1:2.5	m³	0.022 8	252.75	5.76
											ST-2 阿曼米黄石材	m²	1.197 8	450	539.01
											黏结胶	kg	5.944 9	2.5	14.86
11	BA0097	50 mm MT-01 黑色镜面不锈钢踢脚线	10 m	3.497	52.49	183.56	10.02	35.04	41.47	145.02	50 mm MT-01 黑色镜面不锈钢踢脚线	m	36.718 5	25	917.96
		小计				1 402.47		591.21		765.23					11 188.36

工程预算表

工程名称:某小区 B-1 户型样板间装饰工程预算书

序号	定额编号	项目名称	单位	工程量	计价直接工程费						未计价材料费				
					基价/元		人工费/元		材料费/元		名称	单位	数量	单价/元	合价/元
					单价	合价	单价	合价	单价	合价					
		0202 第二章 墙柱面工程													
12	BB0169 R×1.5	WD-2 咖啡梨木墙饰面板拼色、拼花	10 m²	1.431	119.68	171.26	111.3	159.27	0.96	1.37	黏结胶	kg	4.579 2	2.5	11.45
											WD-2 咖啡梨木墙饰面	m²	15.025 5	180	2 704.59
13	BB0146	墙面 FB-1 皮革硬包饰面(客厅及餐厅 + 主卧室)	10 m²	1.176	173.56	204.11	142.46	167.53	16.85	19.82	黏结胶	kg	1.651 1	2.5	4.13
											FB-1 皮革硬包	m²	12.936	360	4 656.96
14	BB0132 R×1.5	单层玻璃在基层板上粘贴 墙面饰面板拼色、拼花	10 m²	0.505	83.08	41.96	67.62	34.15	10.95	5.53	玻璃胶 350g/支	支	5.454	18	98.17
											GL-01 银镜磨花	m²	6.110 5	290	1 772.05

工程预算表

工程名称:某小区 B-1 户型样板间装饰工程预算书

序号	定额编号	项目名称	单位	工程量	基价 单价	基价 合价	人工费 单价	人工费 合价	材料费 单价	材料费 合价	名称	单位	数量	单价/元	合价/元
15	BB0128	18 mm 木工板基层(客厅及餐厅及主卧室)	10 m²	3.223	25.44	81.99	21.53	69.39	1.76	5.67	黏结胶	kg	4.525 1	2.5	11.31
											18 mm 木工板	m²	37.129	40	1 485.16
16	BB0117	木工龙骨 20 mm×50 mm(客厅及餐厅+主卧室)	10 m²	3.223	91.78	295.81	33.49	107.94	54.94	177.07	木工龙骨 20 mm×50 mm	m³	0.567 2	1 100	623.92
17	BB0094	300 mm×600 mm 墙面贴砖,5 mm厚1:2.5 水泥砂浆(厨房+卫生间)	10 m²	2.961	136.12	403.05	122.72	363.37	1.13	3.35	白水泥	kg	3.049 8	0.7	2.13
											水泥砂浆(特细砂)1:2.5	m³		252.75	
											300 mm×600 mm 墙面贴砖	m²	31.090 5	125	3 886.31
		小计				1 198.18		901.65		212.81					15 256.23
		0203 第三章 天棚工程													

工程预算表

工程名称:某小区 B-1 户型样板间装饰工程预算书

序号	定额编号	项目名称	单位	工程量	基价/元 单价	基价/元 合价	人工费/元 单价	人工费/元 合价	材料费/元 单价	材料费/元 合价	未计价材料费 名称	单位	数量	单价/元	合价/元
18	BC0010	跃级不上人 U 形轻钢龙骨间距 400 mm	10 m²	4.836	137.44	664.66	64.4	311.44	69.18	334.55	木工龙骨 20 mm×50 mm	m³	0.033 9	1 100	37.29
											装配式 U 形轻钢龙骨	m²	49.810 8	25	1 245.27
19	BC0061	天棚吊顶木工板基层	10 m²	0.773	32.69	25.27	29.99	23.18	0.9	0.7	18 mm 木工板	m²	8.116 5	40	324.66
20	BC0061 R×1.1	跃级天棚吊顶木工板基层	10 m²	0.206	35.69	7.35	32.99	6.8	0.9	0.19	18 mm 木工板	m²	2.163	40	86.52
21	BC0081	石膏板面层安在 U 形轻钢龙骨上(客厅、餐厅及厨房 + 主卧室飘窗	10 m²	3.367	43.29	145.76	33.6	113.13	7.67	25.82	石膏板	m²	35.353 5	13	459.6

工程预算表

工程名称:某小区 B-1 户型样板间装饰工程预算书

序号	定额编号	项目名称	单位	工程量	计价直接工程费						未计价材料费				
					基价/元		人工费/元		材料费/元		名称	单位	数量	单价/元	合价/元
					单价	合价	单价	合价	单价	合价					
22	BC0081 R×1.1	跌级天棚石膏板面层(搁在龙骨上)(主卧室+书房)	10 m²	1.667	46.65	77.77	36.96	61.61	7.67	12.79	石膏板	m²	17.503 5	13	227.55
23	BC0082	石膏板面层(贴在木工板上)	10 m²	0.773	35.55	27.48	32.87	25.41	0.71	0.55	石膏板	m²	8.116 5	13	105.51
24	BC0082 R×1.1	跌级天棚石膏板面层(贴在木工板上)	10 m²	0.206	38.84	8	36.16	7.45	0.71	0.15	石膏板	m²	2.163	13	28.12
25	BC0069	天棚吊顶埃特板面层	10 m²	0.333	40.6	13.52	33.6	11.19	4.98	1.66	埃特板	m²	3.496 5	25	87.41
26	BC0135	灯槽	10 m	0.719	35.8	25.74	30.8	22.15	3.15	2.26	18 mm 木工板	m²	3.681 3	40	147.25
		小计				995.55		582.36		378.67					2 749.13
		0204 第四章 门窗工程													

工程预算表

工程名称:某小区 B-1 户型样板间装饰工程预算书

序号	定额编号	项目名称	单位	工程量	计价直接工程费						未计价材料费				
					基价/元		人工费/元		材料费/元		名称	单位	数量	单价/元	合价/元
					单价	合价	单价	合价	单价	合价					
27	BD0057	428 mm 黑色不锈钢镜面门窗套	10 m²	1.08	446.6	482.33	266	287.28	140.69	151.95	木工龙骨 20 mm×50 mm	m³	0.136 1	1 100	149.71
											黏结胶	kg	3.24	2.5	8.1
											428 mm 黑色不锈钢镜面	m²	11.772	500	5 886
											18 mm 木工板	m²	11.34	40	453.6
		小计			482.33		287.28		151.95						6 497.39
	0205	第五章 油漆、涂料、裱糊工程													
28	BE0228	墙面贴墙纸 WC-2 对花	10 m²	4.693	58.32	273.7	56.73	266.23	1.59	7.46	墙纸	m²	54.340 2	80	4 347.22
29	BE0181	抹灰面刮成品腻子粉防水型	10 m²	4.693	30.34	142.39	12.74	59.79	17.6	82.6	成品腻子粉(防水型)	kg	82.127 5	1	82.13

工程预算表

工程名称:某小区 B-1 户型样板间装饰工程预算书

序号	定额编号	项目名称	单位	工程量	计价直接工程费						未计价材料费				
					基价/元		人工费/元		材料费/元		名称	单位	数量	单价/元	合价/元
					单价	合价	单价	合价	单价	合价					
30	BE0080	墙面咖啡梨木饰面刷硝基清漆两遍	10 m²	1.431	35.61	50.96	31.81	45.52	3.8	5.44	硝基清漆长颈鹿牌	kg	1.408 1	40	56.32
											硝基稀释剂长颈鹿牌	kg	3.269 8	25	81.75
31	BE0119	墙面木龙骨喷刷防火涂料两遍	10 m²	3.223	28.14	90.7	27.05	87.18	1.09	3.51	防火涂料	kg	5.736 9	15	86.05
32	BE0125	墙面 18 mm 木工板基层刷防火涂料两遍	10 m²	3.223	41.17	132.69	37.6	121.18	3.57	11.51	防火涂料	kg	12.537 5	15	188.06
33	BE0125换	天棚吊顶木工板基层喷刷防火涂料两遍 人工×1.3,材料×1.1	10 m²	1.217	52.81	64.27	48.88	59.49	3.93	4.78	防火涂料	kg	4.734 1	15	71.01
34	BE0189换	天棚刷 PT-3 黑色乳胶漆(两遍)人工×1.3,材料×1.1	10 m²	0.106	20.07	2.13	19.84	2.1	0.23	0.02	乳胶漆 PT-3 黑色	kg	0.300 5	15	4.51

工程预算表

工程名称：某小区 B-1户型样板间装饰工程预算书

序号	定额编号	项目名称	单位	工程量	计价直接工程费						未计价材料费				
					基价/元		人工费/元		材料费/元		名称	单位	数量	单价/元	合价/元
					单价	合价	单价	合价	单价	合价					
35	BE0189换	天棚刷 PT-1白色乳胶漆（两遍）人工×1.3,材料×1.1	10 m²	6.543	20.07	131.32	19.84	129.81	0.23	1.5	乳胶漆 PT-1白色	kg	18.549 4	15	278.24
36	BE0189换	卫生间天棚PT-2防水乳胶漆（两遍）人工×1.3,材料×1.1	10 m²	0.333	20.07	6.68	19.84	6.61	0.23	0.08	防水乳胶漆	kg	0.944 1	18	16.99
37	BE0181换	天棚刮成品腻子粉（防水型）	10 m²	6.982	35.92	250.79	16.56	115.62	19.36	135.17	成品腻子粉（防水型）	kg	122.185	1	122.19
38	BE0003换	窗帘盒刷 PT-1白色乳胶漆 人工×1.3,材料×1.1	10 m	2.06	20.08	41.36	18.85	38.83	1.23	2.53	PT-1白色乳胶漆	kg	1.009 4	15	15.14
		小计				1 186.99		932.36		254.6					5 349.65

工程预算表

第 13 页 共 13 页

工程名称：某小区 B-1 户型样板间装饰工程预算书

序号	定额编号	项目名称	单位	工程量	计价直接工程费						未计价材料费				
					基价/元		人工费/元		材料费/元		名称	单位	数量	单价/元	合价/元
					单价	合价	单价	合价	单价	合价					
		0206 第六章 其他工程													
39	BF0090	窗帘盒	10 m	1.01	89.42	90.31	58.86	59.45	24.67	24.92	黏结胶	kg	1.283 7	2.5	3.21
											木工龙骨 20 mm×50 mm	m³	0.008 1	1 100	8.91
40	BF0086	ST-1 爵士白石材窗台板	10 m²	0.232	60.34	14	45.05	10.45	10.78	2.5	18 mm 木工板	m²	8.090 1	40	323.6
											ST-1 爵士白石材	m²	2.436	340	828.24
		小计				104.31		69.9		27.42					1 163.94
		总计				5 369.83		3 364.76		1 790.68					42 204.7

未计价材料表

工程名称:某小区 B-1 户型样板间装饰工程预算书　　　　　　　　　　　第 1 页 共 1 页

序号	材料名称	数量	单位	单价/元	合价/元	备注
1	水泥 32.5	664.102 9	kg	0.32	206.12	
2	白水泥	7.810 4	kg	0.7	5.47	
3	木工龙骨 20 mm×50 mm	0.745 3	m³	1 100	819.83	
4	ST-1 爵士白石材	2.436	m²	340	828.24	
5	428 mm 黑色不锈钢镜面	11.772	m²	500	5 886	
6	铝收口条(压条)	0.449 8	m	11	4.95	
7	18 mm 木工板	70.519 9	m²	40	2 820.8	
8	WD-2 咖啡梨木墙饰面	15.025 5	m²	180	2 704.59	
9	埃特板	3.496 5	m²	25	87.41	
10	石膏板	63.136 5	m²	13	820.77	
11	装配式 U 形轻钢龙骨	49.810 8	m²	25	1 245.27	
12	墙纸	54.340 2	m²	80	4 347.22	
13	ST-2 阿曼米黄石材	1.197 8	m²	450	539.01	
14	WD-1 木地板	10.416	m²	320	3 333.12	
15	CA-1 地毯	4.911 3	m²	102	500.95	
16	50 mm MT-01 黑色镜面不锈钢踢脚线	36.718 5	m	25	917.96	
17	GL-01 银镜磨花	6.110 5	m²	290	1 772.05	
18	300mm×600 mm 墙面贴砖	31.090 5	m²	125	3 886.31	
19	HT-2 300 mm×300 mm 防滑砖	3.413 3	m²	100	341.33	
20	HT-1 600 mm×600 mm 地砖	34.824 3	m²	125	4 353.04	
21	HT-3 300 mm×300 mm 防滑砖	8.036	m²	109	875.92	
22	PT-1 白色乳胶漆	19.859 3	kg	15	297.89	
23	防水乳胶漆	0.944 1	kg	18	16.99	
24	硝基清漆	1.408 1	kg	40	56.32	
25	防火涂料	23.008 5	kg	15	345.13	
26	成品腻子粉(防水型)	204.312 5	kg	1	204.31	
27	硝基稀释剂	3.269 8	kg	25	81.75	
28	黏结胶	21.558 6	kg	2.5	53.90	
29	玻璃胶	5.454	支	18	98.17	
30	FB-1 皮革硬包	12.936	m²	360	4 656.96	
31	素水泥浆	0.050 7	m³	494.85	25.09	
32	特细砂	1.269 7	t	75	95.23	
33	水	0.368 3	m³	4.55	1.68	
合　计					42 204.69	

人工费、材料费、机械费价差调整表

工程名称:某小区 B-1 户型样板间装饰工程预算书

序号	编码	材料名称	规格	单位	数量	基价/元	基价合计/元	市场价/元	单价差/元	价差合计/元	备注
一		人工费价差		元							
1	00010101	综合工日		工日	2.767 1	62	171.56	73	11	30.438 1	
2	00010401	装饰综合工日		工日	117.700 6	85.12	10 018.68	98	12.88	1 515.983 728	
		合　计								1 546.421 828	
二		材料费价差		元							
1	22030501@1	K11 涂膜防水涂层		kg	116.048 5	5	580.24	18	13	1 508.630 5	
2	36290101	水		m³	0.072 5	2	0.15	4	2	0.145	
		合　计								1 508.775 5	

按实计算费用表

工程名称:某小区 B-1 户型样板间装饰工程预算书　　　　　　　　　　　　第 1 页 共 1 页

序号	费用名称	单位	数量	单价/元	合价/元	备注
					17 854.91	
1	GL-02 5 mm 清波 客厅(C 立面墙)	m²	3.86	135	521.1	
2	不锈钢栏杆	m	9	200	1 800	
3	20 mm 黑色镜面不锈钢装饰线条	m	54.594	12	655.13	
4	50 mm 黑色镜面不锈钢装饰线条(挂镜线)	m	48.32	25	1 208	
5	定制衣柜	m²	6.028	500	3 014	
6	榻榻米	m²	2.675	680	1 819	
7	写字台	m²	2.433	450	1 094.85	
8	定制橱柜、吊柜	m	3.618	2 000	7 236	
9	垃圾处理费、建筑垃圾归集、清除运杂及渣场费用	m²	68.49	7.4	506.83	
	合　计	元			17 854.91	

10
工程量清单及清单计价的编制

10.1 工程量清单

▶ 10.1.1 工程量清单的概念

就工程量清单的概念而言,在《建设工程工程量清单计价规范》(GB 50500—2013)中载明了 3 个概念。

(1)工程量清单

工程量清单是载明建设工程分部分项工程项目、措施项目、其他项目的名称和相应数量以及规费、税金项目等内容的明细清单。

(2)招标工程量清单

招标工程量清单是招标人依据国家标准、招标文件、设计文件以及施工现场实际情况编制的,随招标文件发布并供投标报价的工程量清单,包括其说明和表格。

(3)已标价工程量清单

已标价工程量清单是构成合同文件组成部分的投标文件中已标明价格,经算术性错误修正(如有)且承包人已确认的工程量清单,包括其说明和表格。

工程量清单应反映拟建工程的全部工程内容和为实现这些工程内容而进行的一切工作。工程量清单应由分部分项工程量清单、措施项目清单、其他项目清单、规费项目清单、税金项目清单组成。工程量清单体现招标人需要投标人完成的工程项目及相应的工程数量,是投标人进行投标报价的依据,是招标文件不可分割的组成部分。

► **10.1.2　工程量清单的组成**

工程量清单应采用统一的格式进行编制。工程量清单格式由封面、总说明、分部分项工程量清单与计价表、措施项目清单与计价表、其他项目清单与计价表、规费和税金项目清单与计价表等组成。其内容填写应符合清单规范的相应规定。一般工程量清单计价表格有以下组成部分：

1）封面

①招标工程量清单：封-1；

②招标工程量清单：扉-1。

2）总说明

在总说明（表-01）中，应包含下列内容：工程概况（含建设规模、工程特征、计划工期、合同工期、实际工期、施工现场及变化情况、施工组织设计的特点等）、编制依据等。

3）分部分项工程清单与计价表（表-08）

4）措施项目清单与计价表

①总价措施项目清单与计价表：表-11；

②单价措施项目清单与计价表：表-08。

5）其他项目清单与计价表

①其他项目清单与计价汇总表：表-12；

②暂列金额明细表：表-12-1；

③材料（工程设备）暂估单价及调整表：表-12-2；

④专业工程暂估价及结算表：表-12-3；

⑤计日工表：表-12-4；

⑥总承包服务费计价表：表-12-5；

⑦索赔与现场签证计价汇总表：表-12-6；

⑧费用索赔申请（核准）表：表-12-7；

⑨现场签证表：表-12-8。

6）规费、税金项目计价表（表-13）

7）进度款支付申请（核准）表（表-17）

_____ **工程**

招标工程量清单

招　标　人：_____

(单位盖章)

造价咨询人：_____

(单位盖章)

年　　月　　日

封-1

_____ 工程

招标工程量清单

招标人：_____　　造价咨询人：_____
　　　　　（单位盖章）　　　　　　　　　　　　　　（单位资质专用章）

法定代表人　　　　　　　　　　　　法定代表人
或其授权人：_____　或其授权人：_____
　　　　　（签字或盖章）　　　　　　　　　　　（签字或盖章）

编制人：_____　　复核人：_____
　　　（造价人员签字盖专用章）　　　　　　（造价工程师签字盖专用章）

编制时间：　年　月　日　　　　　复核时间：　年　月　日

扉-1

总说明

工程名称：   第 页共 页

表-01

·199·

分部分项工程清单与计价表

工程名称： 标段： 第 页共 页

序号	项目编码	项目名称	项目特征描述	计量单位	工程量	金额/元		
						综合单价	合价	其中
								暂估价
	本页小计							
	合 计							

注：为计取规费等的使用，可在表中增设其中："定额人工费"。

表-08

总价措施项目清单与计价表

工程名称：　　　　　　　　标段：　　　　　　　　第　页共　页

序号	项目编码	项目名称	计算基础	费率/%	金额/元	调整费率/%	调整后金额/元	备注
		安全文明施工费						
		夜间施工增加费						
		二次搬运费						
		冬雨季施工增加费						
		已完工程及设备保护费						
		合　计						

编制人(造价员)：　　　　　　　　　　　　　　　复核人(造价工程师)：

注:1."计算基数"中安全文明施工费可为"定额基价""定额人工费"或"定额人工费+定额机械费"，其他项目可为"定额人工费"或"定额人工费+定额机械费"。

2.按施工方案计算的措施费，若无"计算基数"和"费率"的数值，也可只填"金额"数值，但应在备注栏说明施工方案的出处或计算方法。

表-11

单价措施项目清单与计价表

工程名称：　　　　　　　　　标段：　　　　　　　　　第　页共　页

序号	项目编码	项目名称	项目特征描述	计量单位	工程量	金额/元		
						综合单价	合价	其中暂估价
	本页小计							
	合　计							

注：为计取规费等的使用，可在表中增设其中："定额人工费"。

表-08

其他项目清单与计价汇总表

工程名称：   标段：   第 页共 页

序号	项目名称	金额/元	结算金额/元	备注
1	暂列金额			明细详见表-12-1
2	暂估价			
2.1	材料(工程设备)暂估价/结算价			明细详见表-12-2
2.2	专业工程暂估价/结算价			明细详见表-12-3
3	计日工			明细详见表-12-4
4	总承包服务费			明细详见表-12-5
5	索赔与现场签证			明细详见表-12-6
合 计				—

注:材料(工程设备)暂估单价进入清单项目综合单价,此处不汇总。

表-12

暂列金额明细表

工程名称：   标段：   第 页共 页

序号	项目名称	计量单位	暂定金额/元	备　注
1				
2				
3				
4				
5				
6				
7				
8				
9				
10				
11				
合　计				—

注：此表由招标人填写，如不能详列，也可只列暂定金额总额，投标人应将上述暂列金额计入投标总价中。

表-12-1

材料(工程设备)暂估单价及调整表

工程名称：　　　　　　　　　　标段：　　　　　　　　　　第　页共　页

序号	材料(工程设备)名称、规格、型号	计量单位	数量		暂估/元		确认/元		差额±/元		备注
			暂估	确认	单价	合价	单价	合价	单价	合价	
合　计											

注:此表由招标人填写"暂估单价",并在备注栏说明暂估价的材料、工程设备拟用在哪些清单项目上,投标人应将上述材料、工程设备暂估单价计入工程量清单综合单价报价中。

表-12-2

专业工程暂估价及结算表

工程名称：　　　　　　　　　　标段：　　　　　　　　　　第　页共　页

序号	工程名称	工程内容	暂估金额/元	结算金额/元	差额±/元	备　注
合　计						

注：此表"暂估金额"由招标人填写，投标人应将"暂估金额"计入投标总价中。结算时按合同约定结算金额填写。

表-12-3

计日工表

工程名称：   标段：   第　页共　页

编号	项目名称	单位	暂定数量	实际数额	综合单价	合价/元	
						暂定	实际
一	人　工						
1							
2							
3							
4							
人工小计							
二	材　料						
1							
2							
3							
4							
5							
6							
材料小计							
三	施工机械						
1							
2							
3							
4							
施工机械小计							
四、企业管理费和利润							
总　计							

注:此表项目名称、暂定数量由招标人填写,编制招标控制价时,单价由招标人按有关计价规定确定;投标时,单价由投标
人自主报价,按暂定数量计算合价计入投标总价中。结算时,按发承包双方确认的实际数量计算合价。

表-12-4

总承包服务费计价表

工程名称： 标段： 第 页 共 页

序号	项目名称	项目价值/元	服务内容	计算基础	费率/%	金额/元
1	发包人发包专业工程					
2	发包人提供材料					
合 计		—	—		—	

注：此表项目名称、服务内容由招标人填写，编写招标控制价时，费率及金额由招标人按有关计价规定确定；投标时，费率及金额由投标人自主报价，计入投标总价中。

表-12-5

索赔与现场签证计价汇总表

工程名称：   标段：   第 页共 页

序号	签证及索赔项目名称	计量单位	数量	单价/元	合价/元	索赔及签证依据
—	本页合计	—	—	—		—
—	合　计	—	—	—		—

注：签证及索赔依据是指经双方认可的签证单和索赔依据的编号。

表-12-6

费用索赔申请(核准)表

工程名称：　　　　　　　　　　标段：　　　　　　　　　编号：

致：＿＿＿＿＿＿＿＿＿＿＿＿＿＿＿＿＿＿＿＿＿＿＿＿＿＿＿＿＿＿（发包人全称）
根据施工合同条款＿＿＿＿＿＿条的约定，由于＿＿＿＿＿＿＿＿＿＿＿＿原因，我方要求索赔金额（大写）＿＿＿＿＿＿＿（小写＿＿＿＿＿），请予核准。

附：1.费用索赔的详细理由和依据：

　　2.索赔金额的计算：

　　3.证明材料：

承包人（章）

造价人员＿＿＿＿＿　　　承包人代表＿＿＿＿＿　　　日　　期＿＿＿＿＿

复核意见： 　　根据施工合同条款＿＿＿＿条的约定，你方提出的费用索赔申请经复核： 　　□不同意此项索赔，具体意见见附件。 　　□同意此项索赔，索赔金额的计算，由造价工程师复核。 　　　　　　监理工程师＿＿＿＿＿ 　　　　　　日　　期＿＿＿＿＿	复核意见： 　　根据施工合同条款＿＿＿＿条的约定，你方提出的费用索赔申请经复核，索赔金额为（大写）＿＿＿＿＿＿＿＿＿（小写＿＿＿＿＿＿＿）。 　　　　　　造价工程师＿＿＿＿＿ 　　　　　　日　　期＿＿＿＿＿

审核意见：

　　□不同意此项索赔。

　　□同意此项索赔，与本期进度款同期支付。

发包人（章）

发包人代表＿＿＿＿＿

日　　期＿＿＿＿＿

注：1.在选择栏中的"□"内作标识"√"。

　　2.本表一式四份，由承包人填报，发包人、监理人、造价咨询人、承包人各存一份。

表-12-7

现场签证表

工程名称：　　　　　　　　标段：　　　　　　　　编号：

施工部位		日期	

致：＿＿＿＿＿＿＿＿＿＿＿＿＿＿＿＿＿＿＿＿＿＿＿＿＿（发包人全称）

根据＿＿＿＿＿＿（指令人姓名）　年　月　日的口头指令或你方＿＿＿＿＿（或监理人）　年　月　日的书面通知。我方要求完成此项工作应支付价款金额为（大写）＿＿＿＿＿（小写＿＿＿＿＿），请予核准。

附：1. 签证事由及原因：

2. 附图及计算公式：

承包人（章）

造价人员＿＿＿＿　　　承包人代表＿＿＿＿　　　日　　期＿＿＿＿

复核意见： 　　你方提出的此项签证申请经复核： □不同意此项签证，具体意见见附件。 □同意此项签证，签证金额的计算，由造价工程师复核。 　　　　　　　监理工程师＿＿＿＿ 　　　　　　　日　　期＿＿＿＿	复核意见： 　　此项签证按承包人中标的计日工单价计算，金额为（大写）＿＿＿＿元（小写＿＿＿＿元）此项签证因无计日工单价，金额为（大写）＿＿＿＿元（小写＿＿＿＿）。 　　　　　　　造价工程师＿＿＿＿ 　　　　　　　日　　期＿＿＿＿
审核意见： □不同意此项签证。 □同意此项签证，价款与本期进度款同期支付。 　　　　　　　　　　　　　　　发包人（章） 　　　　　　　　　　　　　　　发包人代表＿＿＿＿ 　　　　　　　　　　　　　　　日　　期＿＿＿＿	

注：1. 在选择栏中的"□"内作标识"√"；

2. 本表一式四份，由承包人在收到发包人（监理人）的口头或书面通知后填写，发包人、监理人、造价咨询人、承包人各存一份。

表-12-8

规费、税金项目计价表

工程名称： 标段： 第 页 共 页

序号	项目名称	计算基础	计算基数	计算费率/%	金额/元
1	规费	定额人工费			
1.1	社会保险费	定额人工费			
(1)	养老保险费	定额人工费			
(2)	失业保险费	定额人工费			
(3)	医疗保险费	定额人工费			
(4)	工伤保险费	定额人工费			
(5)	生育保险费	定额人工费			
1.2	住房公积金	定额人工费			
1.3	工程排污费	按工程所在地环境保护部门收取标准,按实计入			
2	税金	分部分项工程费＋措施项目费＋其他项目费＋规费－按规定不计税的工程设备金额			
合　计					

编制人(造价人员)： 复核人(造价工程师)：

表-13

进度款支付申请（核准）表

工程名称：_____　　　标段：_____　　　编号：_____

致：_____（发包人全称）

　　我方于_____至_____已完成了_____工作，根据施工合同的约定，现申请支付本周期的合同款额为（大写）_____（小写_____），请予核准。

序号	名　称	实际金额/元	申请金额/元	复核金额/元	备　注
1	累计已完成的合同价款		—		
2	累计已实际支付的合同价款		—		
3	本周期合计完成的合同价款				
3.1	本周期已完成单价项目的金额				
3.2	本周期应支付的总价项目的金额				
3.3	本周期已完成的计日工价款				
3.4	本周期应支付的安全文明施工费				
3.5	本周期应增加的合同价款				
4	本周期合计应扣减的金额				
4.1	本周期应抵扣的预付款				
4.2	本周期应扣减的金额				
5	本周期应支付的合同价款				

附：上述3、4详见附件清单。

　　　　　　　　　　　　　　　　　　　　　　　承包人（章）

　造价人员_____　　　承包人代表_____　　　日　期_____

复核意见： 　□与实际施工情况不相符，修改意见见附件。 　□与实际施工情况相符，具体金额由造价工程师复核。 　　　　　监理工程师_____ 　　　　　日　期_____	复核意见： 　　你方提出的支付申请经复核，本周期已完成合同款额为（大写）_____（小写_____），本周期应支付金额为（大写）_____（小写_____）。 　　　　　造价工程师_____ 　　　　　日　期_____

审核意见：
□不同意。
□同意，支付时间为本表签发后的15天内。

　　　　　　　　　　　　　　　　　　　　　　　发包人（章）
　　　　　　　　　　　　　　　　　　　　　　　发包人代表_____
　　　　　　　　　　　　　　　　　　　　　　　日　期_____

注：1. 在选择栏中的"□"内作标识"√"。
　　2. 本表一式四份，由承包人填报，发包人、监理人、造价咨询人、承包人各一份。

表-17

·213·

10.2 工程量清单的编制

► 10.2.1 工程量清单的编制方法

使用国有资金投资的建设工程发承包,必须采用工程量清单方式招标,工程量清单必须作为招标文件的组成部分,由招标人提供,并对其准确性和完整性负责。已经签订的中标合同,工程量清单即为合同的组成部分。工程量清单应由具备编制能力的招标人或受其委托具有相应资质的工程造价咨询人进行编制。

1)工程量清单的作用

①工程量清单为投标人的投标竞争提供了一个平等和共同的基础;

②工程量清单是工程付款和计算的依据;

③工程量清单是编制招标工程标底价、投标报价和工程结算时调整工程量的依据;

④工程量清单是调整工程价款、处理工程索赔的依据。

2)工程量清单的编制依据

①《建设工程工程量清单计价规范》(GB 50500—2013);

②《房屋建筑与装饰工程工程量计算规范》(GB 50854—2013);

③国家或省级、行业建设主管部门颁布的计价依据和办法;

④建设工程设计文件;

⑤与建设工程项目有关的标准、规范、技术资料;

⑥拟定的招标文件;

⑦施工现场情况、工程特点及常规施工方案;

⑧其他相关资料。

3)分部分项工程量清单的编制

分部分项工程量清单应根据附录规定的项目编码、项目名称、项目特征、计量单位和工程量计算规则进行编制。它必须载明项目编码、项目名称、项目特征、计量单位和工程量。

(1)项目编码

分部分项工程量清单的项目编码,应采用12位阿拉伯数字表示,1~9位应按附录的规定设置,10~12位应根据拟建工程的工程量清单项目名称和项目特征设置,同一招标工程的项目编码不得有重码。项目编码以五级编码设置,一、二、三、四级编码(即前9位)统一,不得变动;第五级编码(即10~12位)为自编码,应根据拟建工程的工程量清单项目特征由其编制人设置,并应自001起顺序编制。各级编码代表的含义如下:

①第一级:1,2位为专业工程代码。

01—房屋建筑与装饰工程;02—仿古建筑工程;03—通用安装工程;04—市政工程;05—园林绿化工程;06—矿山工程;07—构筑物工程;08—城市轨道交通工程;09—爆破工程。

②第二级:3,4位为附录分类顺序码。

③第三级:5,6位为分部工程顺序码。

④第四级:7,8,9位为分项工程项目名称顺序码。

⑤第五级:10,11,12位为清单项目名称顺序码。

项目编码结构如下图所示(以房屋建筑与装饰工程石材楼地面为例)。

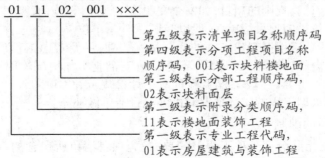

(2)项目名称

分部分项工程量清单的项目名称按《建设工程工程量清单计价规范》(GB 50500—2013)附录中的项目名称与项目特征,并结合拟建工程的实际情况及项目特征确定。主要考虑两个因素:一是应以附录中的项目名称为主体;二是考虑附录中的项目特征,考虑拟建项目的类型、规格、型号、材质等具体要求,使其项目名称更加具体化、详细化、直观化,为后续报价提供依据。随着工程建设中新材料、新技术、新工艺的不断涌现,当出现附录中未包括的清单项目时,编制人应作补充,对于补充清单项目应符合《建设工程工程量清单计价规范》(GB 50500—2013)的规定,并报省级或行业工程造价管理机构备案。补充项目的编码由专业工程码与 B 和3 位阿拉伯数字组成,并应从 ×B001 起按顺序编制,同一招标工程的项目不允许出现重码。

(3)项目特征

项目特征是用来描述清单项目的,通过对项目特征的描述,使清单项目名称清晰化、具体化和详细化,它是工程量清单项目自身价值的本质特征,是确定分项工程清单项目综合单价不可或缺的重要依据。具体项目特征描述如下:

①项目的自身特性(材质、几何特征、强度等级、配合比);

②项目的构造特性(工程部位、构造要求、做法、构件类型等);

③项目的施工方法特性。

(4)计量单位

分部分项工程量清单的计量单位应按照《建设工程工程量清单计价规范》(GB 50500—2013)附录各专业规定的计量单位确定。对于规范中规定有两个或两个以上计量单位时,应结合拟建项目的实际情况,确定其中一个为计量;同一工程项目的计量单位应一致。

(5)工程量

分部分项工程量清单的工程量应按照《建设工程工程量清单计价规范》(GB 50500—2013)附录各专业规定的计算规则计算。

工程计量时每一项目汇总的有效位数应遵循下列规定:

①以"t"为单位,应保留小数点后 3 位数字,第 4 位小数四舍五入;

②以"m""m²""m³""kg"为单位,应保留小数点后 2 位数字,第 3 位小数四舍五入;

③以"个""件""根""组""系统"为单位应取整数。

4)措施项目清单的编制

措施项目清单是指为完成工程项目施工,发生于该工程施工准备和施工过程中的技术、生活、安全、环境保护等方面的非工程实体项目清单,主要分为可计量措施项目和不可计量措施项目。在措施项目中列出了项目编码、项目名称、项目特征、计量单位、工程量计算规则的项目,如混凝土浇筑时的模板、脚手架,属于可计量措施项目清单,应按照分部分项工程量清单的方式处理,宜采用综合单价。在措施项目中仅列出项目编码、项目名称,未列出项目特征、计量单位、工程量计算规则的项目,如安全文明施工、临时设施、大型机械设备进出场及安拆费等,属于不可计量措施项目清单,一般以"项"为计量单位。

编制措施项目清单应根据拟建工程的实际情况列项,主要考虑工程项目的本身因素,除此之外,还应考虑安全、气象、水文、地质、环境及施工企业实际情况等因素具体情况选择列项。在列项过程中,若出现《建设工程工程量清单计价规范》(GB 50500—2013)及附录中未列出的措施项目,可根据工程的实际情况对措施项目清单做补充。

5)其他项目清单的编制

其他项目清单是指除分部分项工程量清单、措施项目清单所包含的内容之外,因招标人的特殊要求而发生的与拟建工程有关的其他费用项目和相应数量的清单。《建设工程工程量清单计价规范》(GB 50500—2013)规定,其他项目清单包括的内容有:暂列金额、暂估价[包括材料(工程设备)暂估价、专业工程暂估价]、计日工、总承包服务费。在编制时,应综合考虑工程建设标准的高低、工程的复杂程度、工程的工期长短、工程的组成内容、发包人对工程管理的要求等进行列项,若出现《建设工程工程量清单计价规范》(GB 50500—2013)未列的项目,可根据工程实际情况进行补充列项。

(1)暂列金额

招标人在工程量清单中暂定并包括在合同价款中的一笔款项,用于工程合同签订时尚未确定或者不可预见的所需材料、工程设备、服务的采购,施工中可能发生的工程变更、合同约定调整因素出现时的合同价款调整以及发生的索赔、现场签证确认等的费用。

(2)暂估价

招标人在工程量清单中提供的用于支付必然发生但暂时不能确定价格的材料、工程设备的单价以及专业工程的金额。

(3)计日工

在施工过程中,承包人完成发包人提出的工程合同范围以外的零星项目或工作,按合同中约定的单价计价的一种方式。

(4)总承包服务费

总承包人为配合协调发包人进行的专业工程发包,对发包人自行采购的材料、工程设备等进行保管以及施工现场管理、竣工资料汇总整理等服务所需的费用。

6)规费项目清单的编制

规费是指根据国家法律、法规规定,由省级政府或省级有关权力部门规定施工企业必须缴纳的,应计入建筑安装工程造价的费用。规费项目清单主要包括:工程排污费、社会保险费(养老保险费、失业保险费、医疗保险费、工伤保险费、生育保险费)、住房公积金。若出现《建设工程工程量清单计价规范》(GB 50500—2013)未列的项目,应根据省级政府或省级有关权力部门的规定列项。在工程计价时应按规定计算,不得作为竞争性费用。

7)税金项目清单的编制

税金是指国家税法规定的应计入建筑安装工程造价内的营业税、城市维护建设税、教育费附加和地方教育附加。若出现《建设工程工程量清单计价规范》(GB 50500—2013)未列的项目,应根据税务部门的规定列项。在工程计价时应按规定计算,不得作为竞争性费用。

▶ 10.2.2 工程量清单编制实例

内容:某小区 B-1 户型样板间室内装修工程工程量清单的编制。

目的:熟悉清单计价表的格式、填表方法,特别是综合单价分析方法。

某小区 B-1 户型样板间装饰工程

招标工程量清单

招　标　人：＿＿＿＿＿＿＿＿＿　　　　　　工程造价咨询人：＿＿＿＿＿＿＿＿＿
　　　　　　（单位盖章）　　　　　　　　　　　　　　　　（单位资质专用章）

法定代表人　　　　　　　　　　　　　　　法定代表人
或其授权人：＿＿＿＿＿＿＿＿＿　　　　　或其授权人：＿＿＿＿＿＿＿＿＿
　　　　　　（签字或盖章）　　　　　　　　　　　　　　（签字或盖章）

编　制　人：＿＿＿＿＿＿＿＿＿＿＿　　　复　核　人：＿＿＿＿＿＿＿＿＿＿＿
　　　（造价人员签字盖专用章）　　　　　　　（造价工程师签字盖专用章）

编制时间：　年　月　日　　　　　　　　复核时间：　年　月　日

扉-1

总说明

工程名称:某小区 B-1 户型样板间装饰工程　　　　　　　　　　　　　　第 1 页 共 1 页

1. 工程批准文号(略)

2. 工程概况

　　该工程位于重庆市沙坪坝区,为某小区 B-1 户型样板间的精装修施工,该户型为两室一厅一卫双阳台户型,建筑面积为 68.49 m²,层高为 3 m。

3. 招标范围

　　为本次招标的住宅施工图纸 B-1 样板间范围内的装饰工程。

4. 投标报价要求

　　由承包方自主报价。

表-01

分部分项工程清单与计价表

工程名称:某小区 B-1 户型样板间装饰工程　　　　　　　　　　　　　第 1 页 共 4 页

序号	项目编码	项目名称	项目特征	计量单位	工程量	金额/元		
						综合单价	合价	其中:暂估价
		一、楼地面装饰工程						
1	011102003001	块料楼地面（客厅、餐厅、厨房）	1. 基层清理,1∶2.5 水泥砂浆粘贴 HT-1 600 mm×600 mm 地砖; 2. 面砖铺贴、填缝并清缝; 3. 面砖表面保护及清洁处理	m²	33.54			
2	011102003002	块料楼地面（卫生间）	1. 基层清理,1∶2.5 水泥砂浆粘贴 HT-2 300 mm×300 mm 防滑砖; 2. 面砖铺贴、填缝并清缝; 3. 面砖表面保护及清洁处理; 4. 基层清理,轻质材料回填夯实	m²	3.33			
3	011102003003	块料楼地面（景观阳台、生活阳台）	1. 基层清理,1∶2.5 水泥砂浆粘贴 HT-3 300 mm×300 mm 防滑砖; 2. 面砖铺贴、填缝并清缝; 3. 面砖表面保护及清洁处理; 4. 基层清理,轻质材料回填夯实	m²	7.84			
4	010904002001	楼（地）面涂膜防水（卫生间、景观阳台、生活阳台）	基层清理,K11 涂膜防水涂层,防水高度 1 800 mm	m²	11.17			
5	011104001001	地毯楼地面（书房）	基层清理,CA-1 地毯铺贴	m²	4.59			
		本页小计						

表-08

分部分项工程清单与计价表

工程名称:某小区 B-1 户型样板间装饰工程 　　　　　　　　　　　　　　　第 2 页 共 4 页

序号	项目编码	项目名称	项目特征	计量单位	工程量	金额/元		
						综合单价	合价	其中:暂估价
6	011101006001	平面砂浆找平层(书房)	基层清理,10 mm 厚1:2.5 水泥砂浆找平层	m²	4.59			
7	011206001001	石材零星项目(门槛石)	1. 基层清理,1:2.5 水泥砂浆垫层、结合层,白水泥粘贴; 2. ST-2 阿曼米黄石材门槛石石材(1.7 cm)六面防护及铺贴,填缝并清缝; 3. 石材表面酸洗、打蜡保护	m²	1.13			
8	011105006001	金属踢脚线	50 mm MT-01 黑色镜面不锈钢踢脚线	m	34.97			
9	011104002001	竹、木(复合)地板(主卧室)	基层清理,地垫铺贴及 WD-1 实木复合地板安装	m²	9.92			
10	010404001001	垫层(主卧室、书房)	20 mm 厚天然级配砂石垫层	m³	0.29			
		二、墙柱面装饰工程						
1	011207001001	墙面装饰板	1. 饰面层:WD-2 咖啡梨木饰面; 2. 基层:15 mm 木工板、18 mm 木工板; 3. 龙骨基层:木龙骨基层 20 mm×50 mm	m²	14.31			
		本页小计						

表-08

220

分部分项工程清单与计价表

工程名称:某小区 B-1 户型样板间装饰工程 　　　　　　　　　　　　　　第 3 页 共 4 页

序号	项目编码	项目名称	项目特征	计量单位	工程量	金额/元		
						综合单价	合价	其中:暂估价
2	011207001002	墙面装饰板	1. 饰面层:FB-1 皮革硬包; 2. 基层:15 mm 木工板、18 mm 木工板; 3. 龙骨基层:木龙骨基层 20 mm×50 mm	m²	11.76			
3	011207001003	墙面装饰板	1. 饰面层:GL-01 银镜磨花; 2. 基层:15 mm 木工板、18 mm 木工板; 3. 龙骨基层:木龙骨基层 20 mm×50 mm	m²	5.05			
4	011204003001	块料墙面	1. 白水泥擦缝; 2. 5 mm 厚釉面砖 300 mm × 600 mm 面砖(贴前先将釉面砖浸水 2 h 以上); 3. 5 mm 厚 1:2.5 水泥砂浆黏结层	m²	29.61			
5	010903002001	墙面涂膜防水	基层清理,K11 涂膜防水涂层,防水高度 1800 mm	m²	20.23			
		三、天棚装饰工程						
1	011302001001	吊顶天棚	1. 基层清理,φ8 通丝吊杆校平; 2. 400 mm 间距上人轻钢龙骨基层; 3. 木工板、石膏板封面	m²	51.45			
2	011302001002	吊顶天棚	1. 基层清理,φ8 通丝吊杆校平; 2. 400 mm 间距上人轻钢龙骨基层; 3. 木工板基层、埃特板封面	m²	3.33			
			本页小计					

表-08

分部分项工程清单与计价表

工程名称:某小区 B-1 户型样板间装饰工程

序号	项目编码	项目名称	项目特征	计量单位	工程量	金额/元		
						综合单价	合价	其中:暂估价
3	011301001001	天棚抹灰	基层清理,刷素水泥浆一道,刮腻子两遍	m²	7.84			
4	011304001001	灯带(槽)	LED 灯带	m²	1.58			
			四、门窗工程					
1	010808004001	金属门窗套	黑色不锈钢镜面门窗套(包括入户门、卧室门、书房门、厨房门)	m	30.22			
2	010908004001	石材窗台板	主卧飘窗处 ST-1 爵士白石材	m²	2.32			
3	010810002001	木窗帘盒	木质窗帘盒	m	10.1			
			五、油漆、涂料、裱糊工程					
1	011408001001	墙纸裱糊	1.面层对花贴墙纸(专用墙纸胶水)2.刮防水腻子两遍	m²	42.87			
2	011404001001	木护墙、木墙裙油漆	WD-2 咖啡梨木饰面刷硝基清漆两遍	m²	14.31			
3	011407006001	木材构件喷刷防火涂料	墙面木龙骨喷刷防火涂料两遍	m²	32.23			
4	011407006002	木材构件喷刷防火涂料	墙面 18 mm 木工板基层喷刷防火涂料两遍	m²	32.23			
5	011407006003	木材构件喷刷防火涂料	天棚吊顶木工板基层喷刷防火涂料两遍	m²	13.12			
6	011407004001	线条刷涂料	天棚刷 PT-3 黑色乳胶漆	m	1.06			
7	011407002001	天棚喷刷涂料	天棚刷 PT-1 白色乳胶漆	m²	65.43			
8	011407002002	天棚喷刷涂料	天棚刷 PT-2 防水乳胶漆	m²	3.33			
9	011403002001	窗帘盒油漆	木窗帘盒刷 PT-1 白色乳胶漆	m	10.1			
			本页小计					
			合　计					

表-08

总价措施项目清单与计价表

工程名称:某小区 B-1 户型样板间装饰工程　　　　　　标段:　　　　　　　　第 1 页 共 1 页

序号	项目编码	项目名称	计算基础	费率/%	金额/元	调整费率/%	调整后金额/元	备注
1	011707001001	安全文明施工费						
2	011707002001	夜间施工增加费						
3	011707007001	已完工程及设备保护费						
4	011707B11001	工程定位复测、点交及场地清理费						
5	011707B12001	材料检验试验						
6	011707B14001	建设工程竣工档案编制费						
		合　计						

注:1. 计算基础和费用标准按本市有关费用定额或文件执行。

　　2. 根据施工方案计算的措施费,可不填写"计算基础"和"费率"的数值,只填写"金额"数值,但应在备注栏说明施工方案出处或计算方法。

　　3. 特殊检验试验费用编制招标控制价时按估算金额列入,结算时按实调整。

表-11

其他项目清单与计价汇总表

工程名称:某小区 B-1 户型样板间装饰工程　　　　标段:　　　　第 1 页 共 1 页

序号	项目名称	计量单位	金额/元	备　注
1	暂列金额	项		明细详见表-12-1
2	暂估价	项	17 858.91	
2.1	材料(工程设备)暂估价	项		明细详见表-12-2
2.2	专业工程暂估价	项	17 858.91	明细详见表-12-3
3	计日工	项		明细详见表-12-4
4	总承包服务费	项		明细详见表-12-5
5	索赔与现场签证	项		明细详见表-12-6
	合　计			—

注:材料(工程设备)暂估单价进入清单项目综合单价,此处不汇总。

表-12

专业工程暂估价及结算价表

工程名称:某小区 B-1 户型样板间装饰工程　　　　标段:　　　　　　第 1 页 共 1 页

序号	工程名称	工程内容	暂估金额/元	结算金额/元	差额±/元	备注
1	GL-02 5 mm 清波 客厅(C 立面墙)	GL-02 5 mm 清波客厅(C 立面墙)	521.1			
2	银色不锈钢栏杆	银色不锈钢栏杆	1 800			
3	20 mm 黑色镜面不锈钢装饰线条	20 mm 黑色镜面不锈钢装饰线条	655.13			
4	50 mm 黑色镜面不锈钢装饰线条(挂镜线)	50 mm 黑色镜面不锈钢装饰线条(挂镜线)	1 208			
5	定制衣柜	定制衣柜(咖啡木)	3 014			
6	榻榻米	榻榻米	1 819			
7	写字台	写字台(咖啡木)	1 094.85			
8	定制橱柜、吊柜	定制橱柜、吊柜	7 240			
9	垃圾处理费、建筑垃圾归集、清除运杂及渣场费用	垃圾处理费、建筑垃圾归集、清除运杂及渣场费用	506.83			
	合 计		17 858.91		—	

注:此表"暂估金额"由招标人填写,投标人应将"暂估金额"计入投标总价中。结算时按合同约定结算金额填写。

表-12-3

规费、税金项目计价表

工程名称:某小区 B-1 户型样板间装饰工程　　　　标段:　　　　　第 1 页 共 1 页

序号	项目名称	计算基础	费率/%	金额/元
1	规费			
1.1	社会保险费及住房公积金			
1.2	工程排污费			
2	税金			
	合　计			

表-13

10.3　工程量清单计价

▶　10.3.1　工程量清单计价的概念

工程量清单计价是建设工程招标投标中,招标人按照国家规范中的工程量计算规则提供工程量清单,投标人依据工程量清单自主填报综合单价;中标后,以投标单价为结算依据的工程造价计价模式。

▶　10.3.2　工程量清单计价的组成

工程量清单计价文件宜采用统一的格式要求,各省、自治区、直辖市建设行政主管部门和行业建设主管部门可根据实际情况进行补充完善,一般工程量清单计价表格有以下组成部分:

1)封面

①招标控制价:封-2;

②投标总价:封-3;

③竣工结算书:封-4。

注:封面应按规定的内容填写、签字、盖章,除承包人自行编制的投标报价和竣工结算外,受委托编制的若为造价员编制,应有负责审核的造价工程师签字、盖章以及工程造价咨询人盖章。

2)总说明

在总说明(表-01)中,应包含下列内容:工程概况(含建设规模、工程特征、计划工期、合同工期、实际工期、施工现场及变化情况、施工组织设计的特点等)、编制依据等。

3)汇总表

①建设项目招标控制价/投标报价汇总表:表-02;

②单项工程招标控制价/投标报价汇总表:表-03;

③单位工程招标控制价/投标报价汇总表:表-04;

④建设项目竣工结算汇总表:表-05;

⑤单项工程竣工结算汇总表:表-06;

⑥单位工程竣工结算汇总表:表-07。

4)分部分项工程清单与计价表

①分部分项工程清单与计价表:表-08;

②工程量清单综合单价分析表:表-09。

5）措施项目清单与计价表

①总价措施项目清单与计价表:表-11;

②单价措施项目清单与计价表:表-08;

③单价措施项目综合单价分析表:表-09。

6）其他项目清单与计价表

①其他项目清单与计价汇总表:表-12;

②暂列金额明细表:表-12-1;

③材料(工程设备)暂估单价及调整表:表-12-2;

④专业工程暂估价及结算价表:表-12-3;

⑤计日工表:表-12-4;

⑥总承包服务费计价表:表-12-5;

⑦索赔与现场签证计价汇总表:表-12-6;

⑧费用索赔申请(核准)表:表-12-7;

⑨现场签证表:表-12-8。

7）规费、税金项目计价表(表-13)

8）进度款支付申请(核准)表(表-17)

_____ **工程**

竣工结算书

发 包 人：_____

　　　　　　　　（单位盖章）

承 包 人：_____

　　　　　　　　（单位盖章）

造价咨询人：_____

　　　　　　　　（单位盖章）

年　　月　　日

封-4

_____ 工程

招标控制价

招标控制价(小写):_____

(大写):_____

招 标 人:_____   造价咨询人:_____
（单位盖章）　　　　　　　　　　　　　　　　（单位资质专用章）

法定代表人　　　　　　　　　　　　　　法定代表人
或其授权人:_____   或其授权人:_____
（签字或盖章）　　　　　　　　　　　　　　　（签字或盖章）

编 制 人:_____   复 核 人:_____
（造价人员签字盖专用章）　　　　　　　　（造价工程师签字盖专用章）

编制时间:　年　月　日　　　　　　　　复核时间:　年　月　日

扉-2

投 标 总 价

招　标　人：_____

工 程 名 称：_____

投标总价(小写)：_____

　　　　(大写)：_____

投　标　人：_____

(单位盖章)

法定代表人
或其授权人：_____

(签字或盖章)

编　制　人：_____

(造价人员签字盖专用章)

时　　间：　　年　月　日

_____ 工程

竣工结算总价

签约合同价(小写):_____   (大写):_____

竣工结算价(小写):_____   (大写):_____

发 包 人:_____   承 包 人:_____   造 价 咨 询 人:_____
　　　(单位盖章)　　　　　　　(单位盖章)　　　　　　　　(单位资质专用章)

法定代表人　　　　　　　法定代表人　　　　　　　法定代表人
或其授权人:_____   或其授权人:_____   或其授权人:_____
　　　(签字或盖章)　　　　　　(签字或盖章)　　　　　　　(签字或盖章)

编 制 人:_____   核 对 人:_____
　　　(造价人员签字盖专用章)　　　　　　　　(造价工程师签字盖专用章)

编制时间:　年　月　日　　　　　　核对时间:　年　月　日

扉-4

总 说 明

工程名称：　　　　　　　　　　　　　　　　　　　　　　　　　第　页共　页

表-01

建设项目招标控制价/投标报价汇总表

工程名称：

序 号	单项工程名称	金额/元	其中:/元		
			暂估价	安全文明施工费	规费
	合 计				

注:本表适用于工程项目招标控制价或投标报价的汇总。

表-02

单项工程招标控制价/投标报价汇总表

工程名称：

序 号	单项工程名称	金额/元	其中:/元		
			暂估价	安全文明施工费	规费
合 计					

注:本表适用于单项工程招标控制价或投标报价的汇总。暂估价包括分部分项工程中的暂估价和专业工程暂估价。

表-03

单位工程招标控制价/投标报价汇总表

工程名称：　　　　　　　　　　标段：　　　　　　　　　　　第　页共　页

序　号	汇总内容	金额/元	其中:暂估价/元
1	分部分项工程		
1.1			
1.2			
1.3			
1.4			
1.5			
2	措施项目		—
2.1	其中:安全文明施工费		—
3	其他项目		—
3.1	其中:暂列金额		—
3.2	其中:专业工程暂估价		—
3.3	其中:计日工		—
3.4	其中:总承包服务费		—
4	规费		—
5	税金		—
	招标控制价合计 = 1 + 2 + 3 + 4 + 5		

注:本表适用于单位工程招标控制价或投标报价的汇总,如无单位工程划分,单项工程也使用本表汇总。

表-04

建设项目竣工结算汇总表

工程名称：   第 页共 页

序 号	单项工程名称	金额/元	其中：/元	
			安全文明施工费	规费
	合 计			

表-05

单项工程竣工结算汇总表

工程名称：

序　号	单位工程名称	金额/元	其中:/元	
			安全文明施工费	规费
合　计				

表-06

单位工程竣工结算汇总表

工程名称：   标段：   第 页 共 页

序 号	汇总内容	金额/元
1	分部分项工程	
1.1		
1.2		
1.3		
1.4		
1.5		
2	措施项目	
2.1	其中:安全文明施工费	
3	其他项目	
3.1	其中:专业工程结算价	
3.2	其中:计日工	
3.3	其中:总承包服务费	
3.4	其中:索赔与现场签证	
4	规费	
5	税金	
竣工结算总价合计 = 1 + 2 + 3 + 4 + 5		

注:如无单位工程划分,单项工程也使用本表汇总。

表-07

分部分项工程清单与计价表

工程名称：　　　　　　　　　　　　　标段：　　　　　　　　　　　　　第　页共　页

序　号	项目编码	项目名称	项目特征描述	计量单位	工程量	金额/元		
						综合单价	合价	其中
								暂估价
本页小计								
合　　计								

注：为计取规费等的使用，可在表中增设其中："定额人工费"。

表-08

工程量清单综合单价分析表

工程名称：　　　　　　　　　　　标段：　　　　　　　　　第 页共 页

项目编码		项目名称		计量单位		工程量	

清单综合单价组成明细

定额编号	定额项目名称	定额单位	数量	单价/元				合价/元			
				人工费	材料费	机械费	管理费和利润	人工费	材料费	机械费	管理费和利润

人工单价/元	小　　计										
元/工日	未计价材料费										

清单项目综合单价

材料费明细	主要材料名称、规格、型号	单位	数量	单价/元	合价/元	暂估单价/元	暂估合价/元
	其他材料费			—		—	
	材料费小计			—		—	

注：1. 如不使用省级或行业建设主管部门发布的计价依据，可不填定额编号、名称等。

　　2. 招标文件提供了暂估单价的材料，按暂估的单价填入表内"暂估单价"栏及"暂估合价"栏。

表-09

总价措施项目清单与计价表

工程名称：   标段   第 页共 页

序号	项目编码	项目名称	计算基础	费率/%	金额/元	调整费率/%	调整后金额/元	备注
		安全文明施工费						
		夜间施工增加费						
		二次搬运费						
		冬雨季施工增加费						
		已完工程及设备保护费						
合　　计								

编制人(造价员)：   复核人(造价工程师)：

注:1."计算基数"中安全文明施工费可为"定额基价""定额人工费"或"定额人工费＋定额机械费",其他项目可为"定额
人工费"或"定额人工费＋定额机械费"。

　　2.按施工方案计算的措施费,若无"计算基数"和"费率"的数值,也可只填"金额"数值,但应在备注栏说明施工方案出
处或计算方法。

表-11

单价措施项目清单与计价表

工程名称：　　　　　　　　　　　　标段：　　　　　　　　　　第　页共　页

序号	项目编码	项目名称	项目特征描述	计量单位	工程量	综合单价	合价	其中 暂估价
		本页小计						
		合　计						

注:为计取规费等的使用,可在表中增设其中:"定额人工费"。

表-08

单价措施项目综合单价分析表

工程名称：　　　　　　　　　　　标段：　　　　　　　　　第　页共　页

项目编码		项目名称		计量单位		工程量	

<table>
<tr><td colspan="12" align="center">清单综合单价组成明细</td></tr>
<tr><td rowspan="2">定额编号</td><td rowspan="2">定额项目名称</td><td rowspan="2">定额单位</td><td rowspan="2">数量</td><td colspan="4">单价/元</td><td colspan="4">合价/元</td></tr>
<tr><td>人工费</td><td>材料费</td><td>机械费</td><td>管理费和利润</td><td>人工费</td><td>材料费</td><td>机械费</td><td>管理费和利润</td></tr>
<tr><td></td><td></td><td></td><td></td><td></td><td></td><td></td><td></td><td></td><td></td><td></td><td></td></tr>
<tr><td></td><td></td><td></td><td></td><td></td><td></td><td></td><td></td><td></td><td></td><td></td><td></td></tr>
<tr><td></td><td></td><td></td><td></td><td></td><td></td><td></td><td></td><td></td><td></td><td></td><td></td></tr>
<tr><td></td><td></td><td></td><td></td><td></td><td></td><td></td><td></td><td></td><td></td><td></td><td></td></tr>
<tr><td colspan="2" align="center">人工单价/元</td><td colspan="4" align="center">小　计</td><td></td><td></td><td></td><td></td></tr>
<tr><td colspan="2" align="center">元/工日</td><td colspan="4" align="center">未计价材料费</td><td></td><td></td><td></td><td></td></tr>
<tr><td colspan="6" align="center">清单项目综合单价</td><td></td><td></td><td></td><td></td></tr>
<tr><td rowspan="9" align="center">材料费明细</td><td colspan="3" align="center">主要材料名称、规格、型号</td><td>单位</td><td>数量</td><td>单价/元</td><td>合价/元</td><td>暂估单价/元</td><td>暂估合价/元</td></tr>
<tr><td colspan="3"></td><td></td><td></td><td></td><td></td><td></td><td></td></tr>
<tr><td colspan="3"></td><td></td><td></td><td></td><td></td><td></td><td></td></tr>
<tr><td colspan="3"></td><td></td><td></td><td></td><td></td><td></td><td></td></tr>
<tr><td colspan="3"></td><td></td><td></td><td></td><td></td><td></td><td></td></tr>
<tr><td colspan="3"></td><td></td><td></td><td></td><td></td><td></td><td></td></tr>
<tr><td colspan="3"></td><td></td><td></td><td></td><td></td><td></td><td></td></tr>
<tr><td colspan="3" align="center">其他材料费</td><td></td><td></td><td>—</td><td></td><td>—</td><td></td></tr>
<tr><td colspan="3" align="center">材料费小计</td><td></td><td></td><td>—</td><td></td><td>—</td><td></td></tr>
</table>

注：1. 如不使用省级或行业建设主管部门发布的计价依据，可不填定额编号、名称等。

　　2. 招标文件提供了暂估单价的材料，按暂估的单价填入表内"暂估单价"栏及"暂估合价"栏。

表-09

其他项目清单与计价汇总表

工程名称：　　　　　　　　　　　标段：　　　　　　　　　　　第　页共　页

序号	项目名称	金额/元	结算金额/元	备　注
1	暂列金额			明细详见表-12-1
2	暂估价			
2.1	材料(工程设备)暂估价/结算价			明细详见表-12-2
2.2	专业工程暂估价/结算价			明细详见表-12-3
3	计日工			明细详见表-12-4
4	总承包服务费			明细详见表-12-5
5	索赔与现场签证			明细详见表-12-6
	合　计			—

注：材料(工程设备)暂估单价进入清单项目综合单价,此处不汇总。

表-12

暂列金额明细表

工程名称：　　　　　　　　标段：　　　　　　　第　页共　页

序号	项目名称	计量单位	暂定金额/元	备　注
1				
2				
3				
4				
5				
6				
7				
8				
9				
10				
11				
合　计				—

注：此表由招标人填写，如不能详列，也可只列暂定金额总额，投标人应将上述暂列金额计入投标总价中。

表-12-1

材料(工程设备)暂估单价及调整表

工程名称：　　　　　　　　　　　标段：　　　　　　　　　　第　页共　页

序号	材料(工程设备)名称、规格、型号	计量单位	数量		暂估/元		确认/元		差额±/元		备注
			暂估	确认	单价	合价	单价	合价	单价	合价	

注:此表由招标人填写"暂估单价",并在备注栏说明暂估价的材料、工程设备拟用在哪些清单项目上,投标人应将上述材料、工程设备暂估单价计入工程量清单综合单价报价中。

表-12-2

专业工程暂估价及结算价表

工程名称：　　　　　　　　　　标段：　　　　　　　　　　第　页共　页

序号	工程名称	工程内容	暂估金额/元	结算金额/元	差额±/元	备　注
合　计						

注：此表"暂估金额"由招标人填写，投标人应将"暂估金额"计入投标总价中。结算时按合同约定结算金额填写。

表-12-3

计日工表

工程名称：　　　　　　　　　标段：　　　　　　　　　第　页共　页

编号	项目名称	单位	暂定数量	实际数额	综合单价	合价/元	
						暂定	实际
一	人　工						
1							
2							
3							
4							
	人工小计						
二	材　料						
1							
2							
3							
4							
5							
6							
	材料小计						
三	施工机械						
1							
2							
3							
4							
	施工机械小计						
四、企业管理费和利润							
	总　计						

注：此表项目名称、暂定数量由招标人填写，编制招标控制价时，单价由招标人按有关计价规定确定；投标时，单价由投标人自主报价，按暂定数量计算合价计入投标总价中。结算时，按发承包双方确认的实际数量计算合价。

表-12-4

总承包服务费计价表

工程名称：   标段：   第 页共 页

序号	项目名称	项目价值/元	服务内容	计算基础	费率/%	金额/元
1	发包人发包专业工程					
2	发包人提供材料					
合　计		—	—		—	

注：此表项目名称、服务内容由招标人填写，编写招标控制价时，费率及金额由招标人按有关计价规定确定；投标时，费率及金额由投标人自主报价，计入投标总价中。

表-12-5

索赔与现场签证计价汇总表

工程名称：　　　　　　　　标段：　　　　　　　　　　第　页 共　页

序号	签证及索赔项目名称	计量单位	数量	单价/元	合价/元	索赔及签证依据
	本页合计	—	—	—		—
	合　计	—	—	—		—

注：签证及索赔依据是指经双方认可的签证单和索赔依据的编号。

表-12-6

费用索赔申请(核准)表

工程名称: 　　　　　　　　　　标段: 　　　　　　　　　　编号:

致: _____(发包人全称)
根据施工合同条款_____条的约定,由于_____原因,我方要求索赔金额(大写)_____(小写_____),请予核准。
附:1. 费用索赔的详细理由和依据:
2. 索赔金额的计算:
3. 证明材料:
承包人(章)
造价人员_____　　　　　承包人代表_____　　　　　日　　期_____

复核意见:	复核意见:
根据施工合同条款_____条的约定,你方提出的费用索赔申请经复核:	根据施工合同条款_____条的约定,你方提出的费用索赔申请经复核,索赔金额为(大写)_____(小写_____)。
□不同意此项索赔,具体意见见附件。	
□同意此项索赔,索赔金额的计算,由造价工程师复核。	
监理工程师_____	造价工程师_____
日　　期_____	日　　期_____

审核意见:
□不同意此项索赔。
□同意此项索赔,与本期进度款同期支付。
发包人(章)
发包人代表_____
日　　期_____

注:1. 在选择栏中的"□"内作标识"√"。
　　2. 本表一式四份,由承包人填报,发包人、监理人、造价咨询人、承包人各存一份。

表-12-7

现场签证表

工程名称：　　　　　　　　　标段：　　　　　　　　　编号：

施工部位		日期	

致：_____（发包人全称）

　　根据_____（指令人姓名）　年　月　日的口头指令或你方_____（或监理人）　年　月　日的书面通知,我方要求完成此项工作应支付价款金额为（大写）_____（小写_____）,请予核准。

附:1. 签证事由及原因：

　　2. 附图及计算公式：

　　　　　　　　　　　　　　　　　　　　　　　　　　　　承包人（章）

　　造价人员_____　　　　承包人代表_____　　日　　期_____

复核意见： 　　你方提出的此项签证申请经复核： 　　□不同意此项签证,具体意见见附件。 　　□同意此项签证,签证金额的计算,由造价工程师复核。 　　　　　　　　　　监理工程师_____ 　　　　　　　　　　日　　期_____	复核意见： 　　此项签证按承包人中标的计日工单价计算,金额为（大写）_____元（小写_____元）,此项签证因无计日工单价,金额为（大写）_____元（小写_____）。 　　　　　　　　　　监理工程师_____ 　　　　　　　　　　日　　期_____

审核意见：

　　□不同意此项签证。

　　□同意此项签证,价款与本期进度款同期支付。

　　　　　　　　　　　　　　　　　　　　　　　　　发包人（章）

　　　　　　　　　　　　　　　　　　　　　　　　　发包人代表_____

　　　　　　　　　　　　　　　　　　　　　　　　　日　　期_____

注:1. 在选择栏中的"□"内作标识"√"；

　　2. 本表一式四份,由承包人在收到发包人（监理人）的口头或书面通知后填写,发包人、监理人、造价咨询人、承包人各存一份。

表-12-8

·253·

规费、税金项目计价表

工程名称：　　　　　　　　　　标段：　　　　　　　　　　第　页 共　页

序号	项目名称	计算基础	计算基数	计算费率/%	金额/元
1	规费	定额人工费			
1.1	社会保险费	定额人工费			
(1)	养老保险费	定额人工费			
(2)	失业保险费	定额人工费			
(3)	医疗保险费	定额人工费			
(4)	工伤保险费	定额人工费			
(5)	生育保险费	定额人工费			
1.2	住房公积金	定额人工费			
1.3	工程排污费	按工程所在地环境保护部门标准收取,按实计入			
2	税金	分部分项工程费＋措施项目费＋其他项目费＋规费－按规定不计税的工程设备金额			
合　计					

编制人(造价人员)：　　　　　　　　　　　　　复核人(造价工程师)：

表-13

进度款支付申请（核准）表

工程名称：   标段：   编号：

致：＿＿＿＿＿＿＿＿＿＿＿＿＿＿＿＿＿＿＿＿＿＿＿＿＿＿＿＿＿＿＿＿（发包人全称）

我方于＿＿＿＿＿至＿＿＿＿＿已完成了＿＿＿＿＿＿＿工作,根据施工合同的约定,现申请支付本周期的合同款额为(大写)＿＿＿＿＿(小写＿＿＿＿＿),请予核准。

序号	名 称	实际金额/元	申请金额/元	复核金额/元	备注
1	累计已完成的合同价款		—		
2	累计已实际支付的合同价款		—		
3	本周期合计完成的合同价款				
3.1	本周期已完成单价项目的金额				
3.2	本周期应支付的总价项目的金额				
3.3	本周期已完成的计日工价款				
3.4	本周期应支付的安全文明施工费				
3.5	本周期应增加的合同价款				
4	本周期合计应扣减的金额				
4.1	本周期应抵扣的预付款				
4.2	本周期应扣减的金额				
5	本周期应支付的合同价款				

附:上述3~4详见附件清单。

承包人（章）

造价人员＿＿＿＿＿   承包人代表＿＿＿＿＿   日 期＿＿＿＿＿

复核意见：
 	
□与实际施工情况不相符,修改意见见附件。
 	
□与实际施工情况相符,具体金额由造价工程师复核。
 	
    监理工程师＿＿＿＿＿
    日 期＿＿＿＿＿
	复核意见：
	
	你方提出的支付申请经复核,本周期已完成合同款额为(大写)＿＿＿＿＿(小写＿＿＿＿＿),本周期应支付金额为(大写)＿＿＿＿＿(小写＿＿＿＿＿)。
	
	    造价工程师＿＿＿＿＿
	    日 期＿＿＿＿＿

审核意见：

□不同意。

□同意,支付时间为本表签发后的15天内。

发包人（章）

发包人代表＿＿＿＿＿

日 期＿＿＿＿＿

注:1. 在选择栏中的"□"内作标识"√"。

2. 本表一式四份,有承包人填表,发包人、监理人、造价咨询人、承包人各一份。

表-17

·255·

10.4 工程量清单的编制

▶ **10.4.1 工程量清单计价的编制方法**

1）工程量清单计价的编制依据

①《建设工程工程量清单计价规范》（GB 50500—2013）；

②工程勘察设计文件及相关资料；

③工程招标文件及招标答疑、补充文件；

④与建设工程项目有关的标准、规范、技术资料；

⑤国家或省级、行业建设主管部门颁发的计价定额，如《重庆市装饰工程计价定额》（CQZSDE—2008）；

⑥企业定额，大型企业内部编制的高于社会平均水平的反映社会先进水平的定额；

⑦费用定额及相关现行文件，如《重庆市费用定额》《重庆市机械台班使用定额》《关于调整建设工程定额人工单价的通知》（渝建〔2016〕71号文）等；

⑧工料机市场价，主要参照当地造价站出版的《工程造价信息》及结合工程实际情况确定；

⑨工程造价管理机构发布的管理费费率、规费费率、利润率、税率等文件；

⑩其他相关资料。

2）工程量清单计价的编制程序

①工程清单项目列项，依据：设计图纸、施工方案及相关规范等。

②计算清单项目工程量，依据：设计图纸、《建设工程工程量清单计价规范》（GB 50500—2013）等。

③计算定额项目工程量，依据：设计图纸、清单项目、项目特征、工作内容及结合具体施工工艺。

④根据计算清单工程量套用计价定额或有关消耗量定额，并进行工料分析，依据：各省自治区相关计价定额或消耗量定额。

⑤确定工料机单价，依据：各省自治区造价站出版的《工程造价信息》及以往类似工程相关历史价格或直接现场询价。

⑥分项工程量清单综合单价的确定及分析。

⑦计算分部分项工程量清单费用，分部分项工程费 = $\sum$ 清单工程量 × 综合单价，按照企业定额或政府消耗量定额标准及预算价格确定人工费、材料费、机械费，并以此为基础确定管理费和利润、风险，由此可计算出分部分项工程的综合单价，从而确定分部分项工程费。

⑧计算措施项目工程量清单费用，主要包括可计量措施项目和不可计量措施项目费用，即单价措施项目和总价措施项目费用，可计量措施项目费 = $\sum$ 清单工程量 × 综合单价，或不可计量措施项目费 = $\sum$ 分部分项工程费 × 相应的费率。

⑨计算其他项目清单费用,依据:工程量清单规定的人工、材料、机械台班的单价或结合市场实际情况确定单价。

⑩计算规费项目清单费用,依据:政府相关文件规定。

⑪计算税金项目清单费用,依据:国家或地方税法的相关规定。

⑫汇总工程量清单总费用,即汇总分部分项工程费、措施项目费、其他项目费、规费、税金等得到工程总价。

3)综合单价编制方法

(1)综合单价的概念

分部分项工程量清单计价在其计价表中进行,计价表中的序号、项目编码、项目名称、计量单位和工程数量按分部分项工程量清单中的相应内容填写。分部分项工程费用的确定取决于两个方面:一方面取决于清单工程量(业主已确定);另一方面取决于清单项目单价(综合单价)。分部分项工程量清单综合单价,应根据《建设工程工程量清单计价规范》(GB 50500—2013)规定的综合单价组成,按设计文件或"分部分项工程量清单项目"中的"工程内容"和"项目特征"确定。

综合单价是指完成一个规定清单项目所需的人工费、材料费和工程设备费、施工机具使用费、企业管理费、利润以及一定范围内的风险费用。其中人工费、材料费和工程设备费、施工机具使用费是根据计价定额及相关市场价计算的;企业管理费、利润是根据省、市工程造价行政主管部门发布的文件规定计算的;一定范围内的风险费用,主要是指同一分部分项清单项目的已标价工程量清单中的综合单价与招标控制价的综合单价之比超过 ±15% 时,才能调整综合单价。根据我国目前工程建设的实际情况,各省、自治区、直辖市建设行政主管部门均根据当地劳动行政主管部门的有关规定发布人工成本信息,对此关系职工切身利益的人工费不宜纳入风险;材料价格的风险一般宜控制在 5% 以内;施工机具使用费的风险一般宜控制在 10% 以内,超过者根据实际情况予以调整;管理费和利润的风险由投标人全部承担;对于法律、法规、规章和政策变化的风险,投标人一般不予承担。

(2)综合单价的确定

综合单价的确定方法分为正算法和反算法两种。

正算法是指工程内容的工程量是清单计量单位的工程量,是定额工程量被清单工程量相除得出的,也称为清单单位含量。该工程量乘以消耗量的人工、材料、机械单价得出组成综合单价的分项单价,将定额人工费作为取费基数乘以费率,然后算出管理费和利润,组成综合单价。

反算法是指工程内容的工程量是该项目的清单工程量,该工程量乘以消耗量的人工、材料和机械单价得出完成该项目的人工费、材料费和机械使用费;然后算出管理费和利润,组成项目合价,再用合价除以清单工程量即为综合单价。其中反算法在实际工程中较常用。

$$分部分项工程量清单项目综合单价 = \sum (清单项目组价内容工程量 \times 对应单价) \div$$
$$清单项目工程量$$

(3)综合单价的确定步骤

①确定计算依据。根据招标文件及相关要求,选用正确、合适的计算依据。

②确定清单项目的工程内容。由于《建设工程工程量清单计价规范》(GB 50500—2013)

和《消耗量定额》或《企业定额》在工程项目划分上不完全一致,工程量清单以"综合实体"项目为主划分(实体项目中一般可以包括许多工程内容),而消耗量定额一般是按施工工序设置的,包括的工程内容一般是单一的。因此,需要清单计价的编制人根据工程量清单描述的项目特征和工作内容,结合拟建工程的实际,确定该项目主体工程内容及相关的工作内容,从而确定清单项目所包含的消耗量定额子目。

③计算清单工程量。清单工程量是依据拟建工程施工图、施工方案、相对应的清单工程量计算规则计算的,是计算工程投标报价的重要原始数据,因此要保证一定的准确性。

④计算定额工程量。根据工程所选用的定额工程量计算规则计算定额工程量,当与工程量清单计算规则相一致时,可直接以清单中的工程量作为定额子目相应工程内容的工程数量。

⑤确定相应项目人工、材料、机械台班消耗量。

$$人工消耗量 = 定额子目中人工消耗量 \times 定额项目工程量$$

$$材料消耗量 = 定额子目中材料消耗量 \times 定额项目工程量$$

$$机械消耗量 = 定额子目中机械消耗量 \times 定额项目工程量$$

⑥确定定额基价。定额基价包括人工费基价、材料费基价、机械台班使用费基价。

⑦确定人工、材料、机械台班的单价。编制标的采用政府部门规定的价格,编制报价采用市场价格。

⑧计算人工费、材料费、机械台班使用费。

$$人工费 = 人工消耗量 \times 人工单价$$

$$材料费 = \sum 材料消耗量 \times 材料单价$$

$$机械费 = \sum 机械台班量 \times 台班单价$$

⑨计算分项工程直接工程费。

$$分项工程直接费 = 人工费 + 材料费 + 机械费$$

此时也可直接应用《重庆市安装工程计价定额》得到人工费、材料费、机械费或基价。

$$分项工程直接费 = (定额表中人工费 + 材料费 + 机械费) \times 定额项目工程量$$

或

$$分项工程直接费 = 基价 \times 定额项目工程量$$

⑩确定费率。根据省、自治区、直辖市建设工程费用标准,结合本企业和市场的实际情况,确定管理费费率和利润率。

⑪计算管理费和利润。根据省、自治区、直辖市建设工程费用标准,确定管理费和利润的取费基数。其中各地区会有所不同,请按实际情况考虑。例如,重庆市装饰工程是以人工费为取费基数。

⑫确定清单项目综合单价。利用前文介绍的正算法及反算法计算清单项目综合单价。其计算公式为:

$$清单项目综合单价 = 清单项目人工费 + 材料费 + 机械费 + 管理费 + 利润 + 风险$$

或

$$清单项目综合单价 = \frac{定额项目综合单价}{清单项目工程量}$$

► 10.4.2　清单编制实例(投标报价)

<u>某小区 B-1 户型样板间装饰</u>**工程**

投标总价

招　标　人:_____

投标总价(小写):　<u>82 897.10 元</u>_____

　　　(大写):　<u>捌万贰仟捌佰玖拾柒元壹角</u>_____

投标人:_____

　　　　　　　　　　(单位盖章)

法定代表人

或其授权人:_____

　　　　　　　　　　(签字或盖章)

编制人:_____

　　　　　　　　　(造价人员签字盖专用章)

时间:　　　年　　月　　日

扉-3

工程计价总说明

工程名称:某小区 B-1 户型样板间装饰工程　　　　　　　　　　　　第 1 页 共 1 页

1. 工程批准文号(略)

2. 工程概况

　　该工程位于重庆市沙坪坝区,为某小区 B-1 户型样板间的精装修施工,该户型为两室一厅一卫双阳台户型,建筑面积为 68.49 m², 层高为 3 m。

3. 投标范围

　　为本次招标的住宅施工图纸 B-1 样板间范围内的装饰工程。

4. 投标报价编制依据

　　(1)招标文件及其提供的工程量清单和有关报价的要求,招标文件的补充通知和答疑纪要。

　　(2)施工图纸及投标施工组织设计。

　　(3)有关技术标准、规范和安全管理规定等。

　　(4)重庆市建设主管部门颁布的计价定额及计价管理办法与相关计价文件。

　　(5)材料价格根据本公司掌握的价格信息并参照工程所在地工程造价管理机构×××× 年 ×× 月工程造价信息发布的价格。

5. 其他相关说明

　　综合单价分析表一共有 61 页,由于篇幅限制,该案例中只附上了 3 项综合单价分析表,共计 6 页,仅供参考。

表-01

· 260 ·

单位工程投标报价汇总表

工程名称:某小区 B-1 户型样板间装饰工程　　　　　　　　　　第 1 页 共 1 页

序号	汇总内容	金额/元	其中:暂估价/元
1	分部分项工程	60 406.11	
1.1	楼地面装饰工程	14 876.3	
1.2	墙柱面装饰工程	20 474.8	
1.3	天棚装饰工程	6 196.37	
1.4	门窗工程	9 376.57	
1.5	油漆、涂料、裱糊工程	9 482.07	
2	措施项目	982.18	
2.1	其中:安全文明施工费	368.1	
2.2	其中:建设工程竣工档案编制费	50.97	
3	其他项目	17 858.91	17 858.91
4	规费	862.1	—
5	税金	2 787.8	—
	投标报价合计 = 1 + 2 + 3 + 4 + 5	82 897.10	17 858.91

注:1. 本表适用于单位工程招标控制价或投标报价的汇总,如无单位工程划分,单项工程也使用本表汇总。
　　2. 分部分项工程、措施项目中暂估价中应填写材料、工程设备暂估价,其他项目中暂估价应填写专业工程暂估价。

表-04

分部分项工程清单与计价表

工程名称:某小区 B-1 户型样板间装饰工程   第 1 页 共 5 页

序号	项目编码	项目名称	项目特征	计量单位	工程量	金额/元		
						综合单价	合价	其中:暂估价
		一、楼地面装饰工程						
1	011102003001	块料楼地面(客厅、餐厅、厨房)	1. 基层清理,1:2.5 水泥砂浆粘贴 HT-1 600 mm × 600 mm 地砖; 2. 面砖铺贴、填缝并清缝; 3. 面砖表面保护及清洁处理	m²	33.54	170.03	5 702.81	
2	011102003002	块料楼地面(卫生间)	1. 基层清理,1:2.5 水泥砂浆粘贴 HT-2 300 mm × 300 mm 防滑砖; 2. 面砖铺贴、填缝并清缝; 3. 面砖表面保护及清洁处理; 4. 基层清理,轻质材料回填夯实	m²	3.33	140.67	468.43	
3	011102003003	块料楼地面(景观阳台、生活阳台)	1. 基层清理,1:2.5 水泥砂浆粘贴 HT-3 300 mm × 300 mm 防滑砖; 2. 面砖铺贴、填缝并清缝; 3. 面砖表面保护及清洁处理; 4. 基层清理,轻质材料回填夯实	m²	7.84	149.89	1 175.14	
4	010904002001	楼(地)面涂膜防水(卫生间、景观阳台、生活阳台)	基层清理,K11 涂膜防水涂层,防水高度 1 800 mm	m²	11.17	113.59	1 268.8	
		本页小计					8 615.18	

分部分项工程清单与计价表

工程名称:某小区 B-1 户型样板间装饰工程　　　　　　　　　　　　第2页 共5页

序号	项目编码	项目名称	项目特征	计量单位	工程量	综合单价	合价	其中:暂估价
5	011104001001	地毯楼地面(书房)	基层清理,CA-1 地毯铺贴	m²	4.59	168.43	773.09	
6	011101006001	平面砂浆找平层(书房)	基层清理,10 mm 厚1:2.5 水泥砂浆找平层	m²	4.59	9.41	43.19	
7	011206001001	石材零星项目(门槛石)	1. 基层清理,1:2.5 水泥砂浆垫层、结合层,白水泥粘贴; 2. ST-2 阿曼米黄石材门槛石石材(1.7 cm)六面防护及铺贴、填缝并清缝; 3. 石材表面酸洗、打蜡保护	m²	1.13	554.54	626.63	
8	011105006001	金属踢脚线	50 mm MT-01 黑色镜面不锈钢踢脚线	m	34.97	35.09	1 227.1	
9	011104002001	竹、木(复合)地板(主卧室)	基层清理,地垫铺贴及 WD-1 实木复合地板安装	m²	9.92	359.5	3 566.24	
10	010404001001	垫层(主卧室、书房)	20 mm 厚天然级配砂石垫层	m³	0.29	85.76	24.87	
			本页小计				6 261.12	

分部分项工程清单与计价表

工程名称:某小区 B-1 户型样板间装饰工程   第 3 页 共 5 页

序号	项目编码	项目名称	项目特征	计量单位	工程量	金额/元		
						综合单价	合价	其中:暂估价
		二、墙柱面装饰工程						
1	011207001001	墙面装饰板	1. 饰面层:WD-2 咖啡梨木饰面; 2. 基层:15 mm 木工板、18 mm 木工板; 3. 龙骨基层:木龙骨基层 20 mm×50 mm	m²	14.31	336.93	4 821.47	
2	011207001002	墙面装饰板	1. 饰面层:FB-1 皮革硬包; 2. 基层:15 mm 木工板、18 mm 木工板; 3. 龙骨基层:木龙骨基层 20 mm×50 mm	m²	11.76	553.61	6 510.45	
3	011207001003	墙面装饰板	1. 饰面层:GL-01 银镜磨花; 2. 基层:15 mm 木工板、18 mm 木工板; 3. 龙骨基层:木龙骨基层 20 mm×50 mm	m²	5.05	501.29	2 531.51	
4	011204003001	块料墙面	1. 白水泥擦缝 2.5 mm 厚釉面砖 300 mm×600 mm 面砖(贴前先将釉面砖浸水 2 h 以上) 3.5 mm 厚 1:2.5 水泥砂浆黏结层	m²	29.61	183.71	5 439.65	
5	010903002001	墙面涂膜防水	基层清理,K11 涂膜防水涂层,防水高度 1 800 mm	m²	20.23	57.92	1 171.72	
		本页小计					20 474.8	

分部分项工程清单与计价表

工程名称:某小区 B-1 户型样板间装饰工程 　　　　　　　　　　　　第 4 页 共 5 页

序号	项目编码	项目名称	项目特征	计量单位	工程量	金额/元		
						综合单价	合价	其中:暂估价
		三、天棚装饰工程						
1	011302001001	吊顶天棚	1.基层清理,φ8 通丝吊杆校平; 2.400 mm 间距上人轻钢龙骨基层; 3.木工板、石膏板封面	m²	51.45	106.01	5 454.21	
2	011302001002	吊顶天棚	1.基层清理,φ8 通丝吊杆校平; 2.400 mm 间距上人轻钢龙骨基层; 3.木工板基层、埃特板封面	m²	3.33	149.91	499.2	
3	011301001001	天棚抹灰	基层清理,刷素水泥浆一道,刮腻子两遍	m²	7.84			
4	011304001001	灯带(槽)	LED 灯带	m²	1.58	153.77	242.96	
		四、门窗工程						
1	010808004001	金属门窗套	黑色不锈钢镜面门窗套(包括入户门、卧室门、书房门、厨房门)	m	30.22	261	7 887.42	
2	010908004001	石材窗台板	主卧飘窗处 ST-1 爵士白石材	m²	2.32	377.27	875.27	
3	010810002001	木窗帘盒	木质窗帘盒	m	10.1	60.78	613.88	
		本页小计					15 572.94	

分部分项工程清单与计价表

工程名称:某小区 B-1 户型样板间装饰工程　　　　　　　　　　　　　　　第 5 页 共 5 页

序号	项目编码	项目名称	项目特征	计量单位	工程量	金额/元		
						综合单价	合价	其中:暂估价
		五、油漆、涂料、裱糊工程						
1	011408001001	墙纸裱糊	1.面层对花贴墙纸（专用墙纸胶水）；2.刮防水腻子两遍	m²	42.87	137.05	5 875.33	
2	011404001001	木护墙、木墙裙油漆	WD-2 咖啡梨木饰面刷硝基清漆两遍	m²	14.31	23.26	332.85	
3	011407006001	木材构件喷刷防火涂料	墙面木龙骨喷刷防火涂料两遍	m²	32.23	14.03	452.19	
4	011407006002	木材构件喷刷防火涂料	墙面 18 mm 木工板基层喷刷防火涂料两遍	m²	32.23	21.83	703.58	
5	011407006003	木材构件喷刷防火涂料	天棚吊顶木工板基层喷刷防火涂料两遍	m²	13.12	24.64	323.28	
6	011407004001	线条刷涂料	天棚刷 PT-3 黑色乳胶漆	m	1.06	23.1	24.49	
7	011407002001	天棚喷刷涂料	天棚刷 PT-1 白色乳胶漆	m²	65.43	23.1	1 511.43	
8	011407002002	天棚喷刷涂料	天棚刷 PT-2 防水乳胶漆	m²	3.33	23.95	79.75	
9	011403002001	窗帘盒油漆	木窗帘盒刷 PT-1 白色乳胶漆	m	10.1	17.74	179.17	
		本页小计					9 482.07	
		合　计					60 406.11	

分部分项工程综合单价分析表

工程名称:某小区 B-1 户型样板间装饰工程

| 项目编码 | 011102003001 | 项目名称 | 块料楼地面(客厅、餐厅、厨房) | 计量单位 | m² | 综合单价/元 | 170.03 |

定额编号	定额项目名称	单位	数量	基价直接工程费				小计	管理费		利润		未计价材料费	风险费用	人材机价差	合价/元
				基价人工费		基价材料费	基价机械费		费率/%	金额/元	费率/%	金额/元				
				定额基价人工费	定额人工单价(基价)调整	定额基价材料费	定额基价机械费 定额机上人工单价(基价)调整									
BA0037	室内1:2.5 水泥砂浆粘贴 HT-1 600 mm×600 mm 地砖铺贴(客厅、餐厅及厨房)	10 m²	3.38	264.23	539.03	11.06	26.44	840.76	35.43	93.62	28	72.66	4 566	7.91	121.55	5 702.83
合　计				264.23	539.03	11.06	26.44	840.76	—	93.62	—	72.66	4 566	7.91	121.55	5 702.83

人工、材料、机械明细表

人工、材料及机械名称	单位	数量	基价单价/元	基价合价/元	市场单价/元	市场合价/元	备注
1. 人工							
装饰综合工日	工日	9.436 4	28	264.22	98	924.77	
2. 材料							
(1) 未计价材料							
HT-1 600 mm×600 mm 地砖	m²	34.824 3	125	4 353.04	125	4 353.04	
水泥砂浆(特细砂)1:2.5	m³	0.683	252.75	172.63	252.75	172.63	

分部分项工程综合单价分析表

工程名称：某小区 B-1 户型样板间装饰工程

人工、材料及机械名称	单位	数量	基价单价/元	基价合价/元	市场单价/元	市场合价/元	备注
水泥 32.5	kg	67.248 1	0.32	21.52	0.32	21.52	
白水泥	kg	3.482 4	0.7	2.44	0.7	2.44	
素水泥浆普通水泥	m³	0.033 8	494.85	16.73	494.85	16.73	
(2) 辅助材料							
(3) 其他材料费							
其他材料费	元	—	—	11.06	—	11.06	
3. 机械							
其他机械费	元	26.439 4	1	26.44	1	26.44	

注：1. 此表适用于装饰、安装、市政安装、城市轨道交通安装、人工土石方、园林绿化工程分部分项工程或技术措施项目清单综合单价分析。
2. 此表适用于基价的直接人工费为计算基础的工程使用。
3. 定额人工单价（基价）调整=定额基价人工费×[定额人工单价（基价）调整系数－1]，定额机上人工单价（基价）调整=定额基价机械费×[定额人工单价（基价）调整系数－
　1]、定额人工单价（基价）调整系数按有关文件规定执行。
4. 投标报价如不使用本市建设主管部门发布的依据，可不填定额项目、编号等。
5. 招标报价提供未使用了暂估价的材料，按暂估价填入表内，并在备注栏中注明为"暂估价"。
6. 材料应注明名称、规格、型号。

分部分项工程综合单价分析表

工程名称：某小区 B-1 户型样板间装饰工程

项目编码	项目名称	计量单位	综合单价/元	合价/元
01102003002	块料楼地面（卫生间）	m²	140.67	

定额编号	定额项目名称	单位	数量	基价人工费		基价材料费	基价机械费		小计	管理费		利润		未计价材料费	风险费用	人材机价差	合价/元
				定额基价人工费	定额人工单价（基价）调整	定额基价材料费	定额基价机械费	定额机上人工单价（基价）调整		费率/%	金额/元	费率/%	金额/元				
BA0036	室内1:2.5水泥砂浆粘贴 HT-2 300 mm×300 mm 防滑砖（卫生间）	10 m²	0.33	24.65	50.29	1.09	2.46		78.49	35.43	8.73	28	6.78	362.3	0.74	11.34	468.42
合　计				24.65	50.29	1.09	2.46		78.49	—	8.73	—	6.78	362.3	0.74	11.34	468.42

人工、材料、机械明细表

人工、材料及机械名称	单位	数量	基价单价/元	基价合价/元	市场单价/元	市场合价/元	备注
1.人工							
装饰综合工日	工日	0.8805	28	24.65	98	86.29	

分部分项工程综合单价分析表

工程名称：某小区 B-1 户型样板间装饰工程

人工、材料及机械名称	单位	数量	基价单价/元	基价合价/元	市场单价/元	市场合价/元	备注
2. 材料							
(1) 未计价材料							
HT-2 300 mm×300 mm 防滑砖	m²	3.413 3	100	341.33	100	341.33	
水泥砂浆(特细砂)1:2.5	m³	0.067 3	252.75	17.01	252.75	17.01	
水泥32.5	kg	6.623 4	0.32	2.12	0.32	2.12	
白水泥	kg	0.343	0.7	0.24	0.7	0.24	
素水泥浆普通水泥	m³	0.003 3	494.85	1.63	494.85	1.63	
(2) 辅助材料							
(3) 其他材料费							
其他材料费	元	—	—	1.09	—	1.09	
3. 机械							
其他机械费	元	2.464 2	1	2.46	1	2.46	

分部分项工程综合单价分析表

工程名称：某小区 B-1 户型样板间装饰工程

项目编码	项目名称	计量单位	综合单价/元
01110203003	块料楼地面（景观阳台、生活阳台）	m²	149.89

定额编号	定额项目名称	单位	数量	基价人工费		基价材料费	基价机械费		小计	管理费		利润		未计价材料费/元	风险费用	人材机价差 合价/元
				定额基价人工费	定额人工单价（基价）调整	定额基价材料费	定额基价机械费	定额基上人工（基价）调整		费率/%	金额/元	费率/%	金额/元			综合单价/元
BA0036	室内1:2.5水泥砂浆粘贴 HT-3 300 mm × 300 mm 防滑砖（阳台）[水泥砂浆（特细砂）1:2.5]	10 m²	0.78	58.04	118.4	2.56	5.8		184.8	35.43	20.56	28	15.96	925.4	1.74	26.7 / 1 175.15
合　计				58.04	118.4	2.56	5.8		184.8	—	20.56	—	15.96	925.4	1.74	26.7 / 1 175.15

人工、材料、机械明细表

人工、材料及机械名称	单位	数量	基价单价/元	基价合价/元	市场单价/元	市场合价/元	备注
1. 人工							
装饰综合工日	工日	2.072 9	28	58.04	98	203.14	

分部分项工程综合单价分析表

工程名称：某小区 B-1 户型样板间装饰工程

人工、材料及机械名称	单位	数量	基价单价/元	基价合价/元	市场单价/元	市场合价/元	备注
2. 材料							
(1)未计价材料							
HT-3 300 mm × 300 mm 防滑砖	m²	8.036	109	875.92	109	875.92	
水泥砂浆(特细砂)1:2.5	m³	0.158 4	252.75	40.04	252.75	40.04	
水泥32.5	kg	15.593 8	0.32	4.99	0.32	4.99	
白水泥	kg	0.807 5	0.7	0.57	0.7	0.57	
素水泥浆普通水泥	m³	0.007 8	494.85	3.86	494.85	3.86	
(2)辅助材料							
(3)其他材料费							
其他材料费	元	—	—	2.56	—	2.56	
3. 机械							
其他机械费	元	5.801 6	1	5.8	1	5.8	

其他项目清单与计价汇总表

工程名称:某小区 B-1 户型样板间装饰工程　　　　　标段:　　　　　第 1 页 共 1 页

序号	项目名称	计量单位	金额/元	备　注
1	暂列金额	项		明细详见表-12-1
2	暂估价	项	17 858.91	
2.1	材料(工程设备)暂估价	项		明细详见表-12-2
2.2	专业工程暂估价	项	17 858.91	明细详见表-12-3
3	计日工	项		明细详见表-12-4
4	总承包服务费	项		明细详见表-12-5
5	索赔与现场签证	项		明细详见表-12-6
	合　计		17 858.91	—

注:材料(工程设备)暂估单价进入清单项目综合单价,此处不汇总。

表-12

专业工程暂估价及结算价表

工程名称:某小区 B-1 户型样板间装饰工程   标段: 第 1 页 共 1 页

序号	工程名称	工程内容	暂估金额/元	结算金额/元	差额 ±/元	备 注
1	GL-02 5 mm 清波客厅（C 立面墙）	GL-02 5 mm 清波客厅（C 立面墙）	521.1			
2	银色不锈钢栏杆	银色不锈钢栏杆	1 800			
3	20 mm 黑色镜面不锈钢装饰线条	20 mm 黑色镜面不锈钢装饰线条	655.13			
4	50 mm 黑色镜面不锈钢装饰线条（挂镜线）	50 mm 黑色镜面不锈钢装饰线条（挂镜线）	1 208			
5	定制衣柜	定制衣柜(咖啡木)	3 014			
6	榻榻米	榻榻米	1 819			
7	写字台	写字台(咖啡木)	1 094.85			
8	定制橱柜、吊柜	定制橱柜、吊柜	7 240			
9	垃圾处理费、建筑垃圾归集、清除运杂及渣场费用	垃圾处理费、建筑垃圾归集、清除运杂及渣场费用	506.83			
合　计			17 858.91		—	

注：此表"暂估金额"由招标人填写,投标人应将"暂估金额"计入投标总价中。结算时按合同约定结算金额填写。

表-12-3

规费、税金项目计价表

工程名称:某小区 B-1 户型样板间装饰工程　　　　标段:　　　　第 1 页 共 1 页

序号	项目名称	计算基础	费率/%	金额/元
1	规费	社会保险费及住房公积金＋工程排污费		862.1
1.1	社会保险费及住房公积金	分部分项工程量清单中的基价人工费＋施工技术措施项目清单中的基价人工费	25.2	862.1
1.2	工程排污费			
2	税金	分部分项工程＋措施项目＋其他项目＋规费	3.48	2 787.8
合　计				3 649.9

表-13

未计价材料表

序号	材料名称	数量	单位	单价/元	合价/元	备注
1	水泥	89.465 3	kg	0.32	28.63	
2	白水泥	7.810 4	kg	0.7	5.47	
3	木工龙骨 20 mm×50 mm	0.745 4	m³	1 100	819.94	
4	ST-1 爵士白石材	2.436	m²	340	828.24	
5	428 mm 黑色不锈钢镜面	11.772	m²	500	5 886	
6	铝收口条（压条）	0.449 8	m	11	4.95	
7	18 mm 木工板	74.016 4	m²	40	2 960.66	
8	WD-2 咖啡梨木墙饰面	15.025 5	m²	180	2 704.59	
9	埃特板	3.496 5	m²	25	87.41	
10	石膏板	63.136 5	m²	13	820.77	
11	装配式 U 形轻钢龙骨	49.810 8	m²	25	1 245.27	
12	装配式 U 形轻钢龙骨	8.078 4	m²	25	201.96	
13	墙纸	54.340 2	m²	80	4 347.22	
14	ST-2 阿曼米黄石材	1.197 8	m²	450	539.01	
15	WD-1 木地板	10.416	m²	320	3 333.12	
16	CA-1 地毯	4.911 3	m²	102	500.95	
17	50 mm MT-01 黑色镜面不锈钢踢脚线	36.718 5	m	25	917.96	
18	GL-01 银镜磨花	6.110 5	m²	290	1 772.05	
19	300 mm×600 mm 墙面贴砖	31.090 5	m²	125	3 886.31	
20	HT-2 300 mm×300 mm 防滑砖	3.413 3	m²	100	341.33	
	本页小计				31 231.84	

未计价材料表

工程名称:某小区 B-1 户型样板间装饰工程　　　　　　　　　　　　　　第 2 页 共 2 页

21	HT-1 600 mm×600 mm 地砖	34.824 3	m²	125	4 353.04	
22	HT-3 300 mm×300 mm 防滑砖	8.036	m²	109	875.92	
23	PT-1 白色乳胶漆	1.009 4	kg	15	15.14	
24	乳胶漆	0.300 5	kg	15	4.51	
25	乳胶漆	18.549 4	kg	15	278.24	
26	防水乳胶漆	0.944 1	kg	18	16.99	
27	硝基清漆	1.408 1	kg	40	56.32	
28	防火涂料	23.008 5	kg	15	345.13	
29	成品腻子粉(防水型)	204.312 5	kg	1	204.31	
30	硝基稀释剂	3.269 8	kg	25	81.75	
31	黏结胶	3.24	kg	2.5	8.1	
32	黏结胶	18.318 6	kg	2.5	45.8	
33	玻璃胶	5.454	支	18	98.17	
34	FB-1 皮革硬包	12.936	m²	360	4 656.96	
35	水泥砂浆(特细砂)	0.092 7	m³	277.21	25.7	
36	水泥砂浆(特细砂)	0.884 7	m³	252.75	223.61	
37	素水泥浆	0.050 7	m³	494.85	25.09	
38	特细砂	1.269 7	t	75	95.23	
39	水	0.368 3	m³	4.55	1.68	
40	水泥	554.637 6	kg	0.32	177.48	
	本页小计				11 589.17	
	合　　计				42 821.01	

参考文献

［1］中华人民共和国国家标准.建设工程工程量清单计价规范［S］.GB 50500—2013.北京:中国计划出版社,2013.

［2］中华人民共和国国家标准.房屋建筑与装饰工程工程量计算规范［S］.GB 50854—2013.北京:中国计划出版社,2013.

［3］重庆市建设委员会,等.重庆市建设工程费用定额［S］.CQFYDE—2008.北京:中国建材工业出版社,2008.

［4］沈中友,祝亚辉.工程量清单计价实务［M］.北京:中国电力出版社,2010.

［5］张连忠.建筑工程工程量清单计价［M］.哈尔滨:哈尔滨工业大学出版社,2014.

［6］廖天平.建筑工程定额与预算［M］.2 版.北京:高等教育出版社,2012.

［7］唐小林,吕奇光.建筑工程计量与计价［M］.2 版.重庆:重庆大学出版社,2012.

［8］闫文周,李芊.工程估价［M］.2 版.北京:化学工业出版社,2014.

［9］李永福.建筑装饰工程定额计价与报价［M］.3 版.北京:中国电力出版社,2008.

［10］李宏扬.房屋装饰工程量清单计价与投标报价［M］.北京:中国建材工业出版社,2015.

［11］赵勤贤.装饰工程计量与计价［M］.大连:大连理工大学出版社,2014.

［12］重庆市城乡建设委员会.关于调整建设工程定额人工单价的通知.渝建发〔2016〕71 号.

［13］重庆市建设工程造价管理总站.关于调整工程费用计算程序及工程计价表格的通知.渝建价发〔2014〕6 号.

［14］重庆市城乡建设委员会.关于调整建筑安装工程税金计取费率的通知.渝建发〔2011〕440 号.

［15］重庆市城乡建设委员会.关于计取住宅工程质量分户验收费用的通知.渝建〔2013〕19 号.

［16］重庆市城乡建设委员会.关于调整建设工程竣工档案编制费计取标准与计算方法的通知.渝建〔2014〕26 号.

［17］重庆市城乡建设委员会.关于印发《重庆市建设工程安全文明施工费计取及使用管理规定》的通知.渝建发〔2014〕25 号.

［18］重庆市城乡建设委员会.关于调整企业管理费和组织措施费内容及费用标准的通知.渝建发〔2014〕27 号.